·"天府良机"智库2024年蓝皮书·

推进四川丘陵山区农机装备"补短板强弱项"研究报告

四川省农业科学院
"天府良机"智库 编

中国农业科学技术出版社

图书在版编目（CIP）数据

推进四川丘陵山区农机装备"补短板强弱项"研究报告 / 四川省农业科学院，"天府良机"智库编 . -- 北京：中国农业科学技术出版社，2025.1. --（"天府良机"智库2024年蓝皮书）. -- ISBN 978-7-5116-7282-7

Ⅰ . S232.9

中国国家版本馆 CIP 数据核字第 20250J17B0 号

责任编辑	白姗姗
责任校对	李向荣
责任印制	姜义伟　王思文

出 版 者	中国农业科学技术出版社
	北京市中关村南大街 12 号　邮编：100081
电　　话	（010）82106638（编辑室）（010）82106624（发行部）
	（010）82109709（读者服务部）
网　　址	https://castp.caas.cn
经 销 者	各地新华书店
印 刷 者	北京科信印刷有限公司
开　　本	185 mm×260 mm　1/16
印　　张	10.25
字　　数	200 千字
版　　次	2025 年 1 月第 1 版　2025 年 1 月第 1 次印刷
定　　价	128.00 元

◀ 版权所有·侵权必究 ▶

《"天府良机"智库蓝皮书》
编委会

主　任　牟锦毅

副主任　李宇飞　刘永红

委　员　周　杉　杨建国　张　鸿　王自鹏
　　　　　邱云桥　蒋辉霞　张小军　李和平
　　　　　蔡　维　严汝佳

《推进四川丘陵山区农机装备"补短板强弱项"研究报告》编委会

主　编　邱云桥　蒋辉霞

副主编　郭　曦　周小波　易文裕

编　者　褚红春　陈　进　吴瑕玉　但玉玲
　　　　　熊　华　李美林　胡佳慧

目 录

总 论

高位谋划"天府良机"战略性前瞻性研究布局　为打造新时代更高水平
"天府粮仓"提供强力装备支撑 ·· 002
　　邱云桥　蒋辉霞　郭　曦　周小波　易文裕　褚红春　吴瑕玉　陈　进　但玉玲

专题报告一　主要粮油机械技术与装备

四川丘陵山区水稻全程机械化生产研究 ·· 018
　　周小波　王　浩

西南丘陵山地玉米全程机械化生产机具配适模式研究 ·· 033
　　许丽佳　韩丹丹　陈　霖　张黎骅

丘陵山区油菜机械化关键技术研究与装备开发 ·· 046
　　雷小龙　李蒙良

四川丘陵山区马铃薯机械化关键技术研究与装备开发 ·· 058
　　廖　敏　顾炳龙

专题报告二　特色作物机械技术与装备

丘陵山区根茎类中药材机械化收获 ·· 070
　　蒋辉霞　姚金霞　随顺涛　万术娟　谭　杰　高　新　蒋金巧

四川名优茶智能采摘技术发展研究 ················· 081
　　邱云桥　蒋辉霞　易文裕　张冬川　任丹华　徐涵秋　许丽佳　卢劲竹
　　林世全　褚红春　陈　进　但玉玲　吴瑕玉　王　攀　赵　镭　熊　华

柑橘智能采摘装备研究 ························· 108
　　许丽佳　唐座亮　王玉超　伍志军

专题报告三　其他农机技术与装备

正压温室及其水肥循环系统关键技术研究与装备开发 ······· 120
　　孙　聪　曹　亮　雷凤芸

丘陵山区农产品冷链物流关键技术研究与装备开发 ······· 135
　　万　勇　赵一霁

秸秆机械化还田技术发展研究报告 ················· 148
　　任丹华　徐涵秋　赵帮泰

总 论

高位谋划"天府良机"战略性前瞻性研究布局 为打造新时代更高水平"天府粮仓"提供强力装备支撑

邱云桥 蒋辉霞 郭 曦 周小波 易文裕
褚红春 吴瑕玉 陈 进 但玉玲

以习近平同志为核心的党中央高度重视粮食安全与食品安全,从国家安全发展的战略高度出发,创造性地提出了大农业观、大食物观。四川作为国家的战略腹地,必须强化践行大食物观,加快打造保障国家重要初级产品供给的战略基地。粮食安全,装备先行。党的二十大明确提出"强化农业科技和装备支撑"。农机装备是农业新质生产力的重要物质载体,践行大食物观,构建多元化食物供给体系,离不开农机装备的有力支撑。

本报告梳理美国、德国、韩国和中国,及国内山东、江苏等农机先进省份的农机政策和措施,了解国际趋势,掌握国内态势,明晰四川所处的位势与面临的挑战,把握"顶层设计、创新引领、产业推进、交流合作"的发展机遇。通过比对分析约翰迪尔等国际企业成功经验,挖掘四川农业机械科研、制造的潜力,提出依靠提升农机水平、创新农机装备来破解农业资源禀赋约束是牢牢掌握粮食安全主动权、践行大食物观、推动现代农业实现内涵式发展的关键所在,并提出实现路径及相关建议。

一、国际农业机械发展政策和市场形势分析

（一）农业机械发达国家相关政策分析

美国在农机发展政策上多管齐下。在激发企业创新活力上，联邦及州政府主要通过研发资金支持、税收减免等手段，激发农机企业创新活力，共同激励企业加大研发投入。在刺激农户购机需求层面上，政府通过提供购机补贴、低息信贷等优惠政策，同时还辅以农场投资、灌溉设施改善等综合财政支持，激发农户的购机积极性，1996年实施的《新农业法》促使农业补贴向生产者转移。此外，政府还开展农机技术的标准化工作以及农机技术培训，以此切实提高农户操作农机的技能，提升农机使用效率。在农机市场方面，农户购买农机可减免消费税，还能自主折旧抵税，加速了老旧农机的更新；农业信贷渠道丰富，低息长贷政策助力农户筹集资金购置农机；持续推进农机技术标准化工作，为农机行业的规范发展提供了保障；政府大力支持农业机械出口，提升美国农机的国际影响力。

德国农机政策体系完备，从土地整治、燃油补贴到科研投入，全方位推动农机产业发展。20世纪50年代出台的《土地整治法》成效斐然，历经多年土地整治，约700万hm^2土地实现集中连片，为高效作业创造了理想条件，使得农机能够充分发挥其规模效益。农机柴油补贴力度较大，农户可享受50%以内价格补贴，有效降低了农机作业的燃油成本。同时，购置农机具能获得诸多贷款优惠，无息或低息贷款减轻了农户负担，进一步促进了农机的广泛应用。科研投入是德国农机持续创新升级的动力源泉。联邦农业和食品部每年精准定位科研重点，并且稳定列支科研经费。以2014年为例，农业科研经费占比达到10%左右，在2011—2015年，科研经费更是呈现持续增长的良好态势。稳定且充足的科研投入，有力推动了农机行业的技术创新与产品升级，使德国农机在全球市场始终保持着强劲的竞争力。

韩国农机政策注重实际效果，多维度促进农机普及。在购置补贴与信贷支持上，政府对农户购置农机给予约50%的补贴，并提供40%的长期无息贷款，减轻农户资金压力。在补贴实施细节上，充分考虑农户实际情况，农户首付20%～30%，以耕地抵押可贷款70%～80%，且农业贷款利率较低，这种灵活且优惠的

政策安排，极大地提高了农户购置农机的积极性。韩国的农机政策不仅关注购置环节，还提供了全方位的配套补贴，补贴范围涵盖农机用油、技术培训、修理以及园艺设施购置等多个方面，形成了一套完整的支持体系。此外，针对特定农业从业者，如小农户、新农民等，韩国政府还给予专项扶持基金，从各个维度促进农机在不同农业经营主体中的普及应用，确保农机发展惠及全体农业从业者。

本报告研究认为，财政扶持、购置补贴、金融信贷等方面的支持政策对提升农业机械化发展水平发挥了重要作用。总体而言，以上国家主要从供给和需求方面为农机发展提供政策支持。在供给端，政府通过设立各类科研项目、提供研发资金，鼓励科研机构和企业积极投入农机创新与研发；在需求端，政府运用财政补贴、金融信贷、市场规范等政策举措，刺激和拉动购机需求，直接降低了农户购机成本，有效激发农机市场活力，提升农机使用率，促进农业机械化持续发展。

（二）国际农机市场与代表企业的发展特征及趋势分析

1. 国际农机市场特征

国际农机市场呈现多元竞争格局，国际巨头的规模化竞争和中小企业的细分市场竞争并存。一方面，市场集中度较高，存在寡头垄断现象，大型跨国公司优势明显。以约翰迪尔、凯斯纽荷兰、爱科、久保田和科乐收五大农机集团为核心的国际巨头，凭借其强大的综合实力，在全球市场占据主导地位，展现出规模化竞争的显著优势；另一方面，众多中小企业活跃于细分市场，凭借特色产品与服务，满足多样化需求。这些企业虽然在规模上无法与国际巨头相抗衡，但它们凭借特色产品与服务，精准满足市场多样化的需求。在一些特定的农业领域，如小型园艺农机、特种作物种植农机等，中小企业能够凭借灵活的经营策略和对细分市场的深入了解，迅速响应客户需求，提供个性化的解决方案，从而在市场中站稳脚跟。

从市场规模来看，国际农机市场持续扩张。高端市场运行平稳，欧美企业及日本企业凭借长期积累的技术与品牌，牢牢占据优势，市场份额相对稳定；中低端市场竞争激烈，中国和印度企业凭借成本优势参与竞争，虽收益相对有限，但该市场潜力巨大，吸引了众多企业纷纷布局。随着新兴经济体农业现代化进程的加快，对中低端农机产品的需求不断增长，这也使得中国和印度企业成为国际农机行业发展的新兴力量。

2. 代表企业发展特征分析

美国的约翰迪尔、凯斯纽荷兰、爱科，德国的科乐收，日本久保田等企业主导了全球农机产业竞争格局。这些企业的产品制造和销售等主体业务均处于全球或区域领跑地位，同时，它们在物流服务、二手农机装备租赁等衍生业务方面呈现出差异化发展的态势。

约翰迪尔在研发制造领域成绩卓著，软硬件设施创新成果丰硕，注重加强发动机技术，在全自动无人驾驶电动拖拉机领域保持领先地位；凯斯纽荷兰专注于开发自动化无人驾驶、设备互联生态系统以及新能源动力，积极探索农机智能化发展的新路径；爱科借助全球化布局、技术创新、多品牌服务及可持续发展战略，在精准农业领域持续投入和创新，企业不断推进发动机等动力系统的研发，整合旗下多个品牌的资源，为不同客户群体提供多样化的产品选择，进一步巩固了其在全球市场的地位；科乐收积极谋划农机数字化版图，致力于以数字化技术提升农机作业效率，为用户提供更加便捷、高效的使用体验；久保田立足小型农机功能集合优势，针对小型农业生产场景，满足了小农户和特殊农业作业的需求，在国际农机市场也占有重要地位。

本研究认为，当前国际农机高端市场壁垒相对固化，欧美企业及日本企业凭借先发优势和长期积累的技术、品牌优势，构筑了较高的市场进入门槛；中低端市场是企业竞争的主战场，众多新兴企业和发展中国家的企业在此展开激烈角逐，并且跟跑企业正努力跻身高端市场。在产品发展方向上，多功能复合成为趋势。云计算、大数据和人工智能等新技术与传统农机科技深度融合，推动农机产品向智能化、自动化方向发展，各企业致力于绿色化和环境保护，加强研发推广全电池电动或混合动力等环境友好型新产品，以满足全球日益严格的环保要求，推动农业可持续发展。

二、国内农业机械发展政策和市场态势分析

（一）国家层面农机支持政策分析

在农业现代化加速推进的进程中，国家农机支持政策发挥着关键引领作用，呈

现出导向鲜明、维度丰富、效力叠加的显著特征，为农机产业的蓬勃发展注入强劲动力。

一是聚焦研发创新，推动高质量发展。支持重点从推广应用向研发制造、熟化定型倾斜，科技创新和科技成果转化成为政策关注的核心焦点。农机装备在国家发展战略中的地位愈发凸显，首次被列入国家自然科学基金"十四五"优先发展领域，农业机械不断"提档升级"，一批标志性整机装备成功研制并应用。国家大力支持机械化关键技术联合攻关，积极鼓励科研机构与企业加强先进机械装备的研发与应用，不仅在技术创新上加大投入，还对产品质量可靠性提出了明确要求，引导农机装备产业迈向高质量发展阶段。二是更加强调绿色化智能化发展。在新发展理念的引导下，将"创新、协调、绿色、开放、共享"理念贯穿于农机发展全过程，绿色化和智能化成为农机行业发展的重要方向。从"国三"到"国四"的排放标准升级，到"油改电""电代油"的能源转型实践，再到加快农机装备数字化改造，导航定位、辅助驾驶终端、无人农场以及"互联网＋农机作业"等新兴技术的广泛应用，国家对绿色化和智能化技术的支持力度明显加大，推动农业生产向智能化、绿色化方向迈进。三是部门深度协同机制日益完善。农业农村部、工业和信息化部、国家发展和改革委员会（以下简称国家发展改革委）、财政部等多部门紧密协作，形成合力，各部门在加强组织领导的基础上，扎实推进农机装备发展进程，聚焦大型高端智能、丘陵山区两个主攻方向，进一步完善农机研发制造和推广应用机制，加力推动形成自主可控、低成本高质量高效能的农业机械产业生态，实施东西部协作，优势互补，有力促进了农机化发展水平的整体提升。

农机购置与应用补贴政策持续稳定实施，推动大规模农机设备报废更新，为农机化发展带来新机遇。自2004年开始施行的农机购置与应用补贴政策，已连续实施到第21年。2025年2月19日，农业农村部办公厅、国家发展改革委办公厅、财政部办公厅、国家粮食和物资储备局办公室联合印发《关于实施好2025年农业机械报废更新补贴政策的通知》，持续实施好农业机械报废更新补贴政策，加力推进老旧农业机械报废更新，加快农业机械结构调整。一是扩大报废补贴范围。中央财政资金补贴报废农机种类增加到15个品目，拖拉机、播种机、联合收割机（含粮棉油糖等作物联合收割所用机械）、水稻插秧机、农用北斗辅助驾驶系统、机动喷雾（粉）机、机动脱粒机、饲料（草）粉碎机、铡草机、水稻抛秧机、田间作业监测终端、植保无人机、粮食干燥机（烘干机）、色选机、磨粉机纳入报废更新补贴范围，各省可聚焦粮食和重要农产品稳产保供，坚持"优机优补""有进有出"，结合实际将自行确定的报废更新补贴农机种类范围上限由 6 个提高至 12 个，进一步加大耗能高、污染重、安全性能低的老旧农机淘汰力度，加快先进适用、节能环保、安全可靠农业机械的推广应用，持续推进农业机械化高质量发展和农业绿色发展。二是测算和提高报废补贴标准，鼓励更新区域特色强、使用范围小、市场价值高的农机装备，如采棉机和甘蔗联合收获机。这一举措旨在满足不同地区农业生产的特殊需求，提高农机设备的适用性和针对性，进一步激发农机市场的活力，推动农机产业的升级换代。

（二）东部先进和相邻省（市）促进农机发展相关政策

1. 东部先进省份农机政策情况分析

东部先进省份在农机发展政策上各具特色与优势，为全国农机产业发展提供了宝贵经验。

山东作为农机工业强省，其政策体系完备，支持力度和推进速度都处于全国领先水平。山东将农机装备纳入重点产业链，推动其与信息技术、高端装备等协同发展，实施产业基础再造、技改升级行动，推动智能制造、服务型制造、绿色制造转型，打造新业态新模式。一是科技创新方面，聚焦强基础、提创新、建平台；二是产业提升方面，注重锻长补短、育企业、构生态；三是应用场景建设方面，围绕农机打造典型场景，建立供需对接长效机制，促进农机社会化服务，引领企业创新升级，让农机更好地服务于农业生产实际需求。

江苏以农机装备产业强链补链为核心策略，高度重视企业在创新中的主体地位，实施农业生产全程全面机械化推进行动和农机装备智能化绿色化提升行动"两大行动"。持续提升企业创新能力，加大研发机构建设投入，鼓励龙头企业牵头组建创新联合体，深化产学研融合，开展关键共性技术研发。同时，积极构建国家级、省级创新载体，完善科技创新体系，加速科技成果转化应用。此外，江苏深度融合信息技术与农机装备，突破关键核心技术，推动高质量发展，有效提升了产业竞争力。

浙江着眼于现代农机装备产业集群建设，精准聚焦市场需求，强化创新驱动，培育企业梯队与品牌。统筹全省产业优势，构建特色鲜明、布局合理、协作高效的产业集群格局，鼓励争创国家级中小企业特色产业集群与省级"新星"产业集群。通过加快培育融通发展的企业梯队，扩大产业规模。加大创新协作力度，打造丘陵

山区适用农机推广应用市场。并且,浙江通过奖补研发费用、免征所得税等政策措施,激发企业研发与经营积极性,推动农机产业升级。

2. 西南相邻省(市)农机政策情况分析

西南相邻省(市)贵州、重庆紧密围绕丘陵山区农机发展短板,制定并实施了一系列针对性强的政策。

贵州积极推进山地智能农机产业发展,选择在贵阳先行先试,构建"央黔筑资源互补、农工贸同步发力、产学研融合发展"的产业链条,夯实农机研制、推广与人才基础,实施系列专项行动,提升山地农机化水平。

重庆全力打造全国丘陵山区农机装备研发制造高地,针对中小型农机及特色作物专用农机,在需求、研发、供给端协同发力,有针对性地开展农机研发工作,拓展农机产业发展空间,推动产业发展。

东部先进省份和西南相邻省(直辖市)的农机政策,都紧密结合自身区域特点和产业基础,在推动农机产业发展、提升农业机械化水平方面发挥了重要作用。这些政策经验不仅为当地农业现代化建设提供了坚实保障,也为全国其他地区提供了有益借鉴,共同推动我国农机产业向着更高水平迈进。

(三)国内农机市场与企业的发展特征及趋势

1. 国内农机市场特征分析

当前,国内农机市场呈现出蓬勃发展且结构分化的显著态势。凭借着庞大的农业生产需求以及完备的制造业体系,已然成为世界最大的农机制造与需求国。这一突出地位,吸引了众多国际高端企业与国内行业龙头纷纷布局,积极拓展业务版图,有力推动了农机产品逐渐向中高端迈进。

自2004年实施农机购置补贴政策以来,农机装备行业便开启了飞速发展的征程,2004—2014年更是被称为"黄金发展十年"。虽然之后行业进入调整转型期,市场规模有所波动,但整体仍处于高位运行状态。2022年农机市场达到阶段性峰值,全年补贴农机销售超1 226亿元,国内农业机械市场规模为5 611亿元。即便2023年市场出现下滑,也守住了800亿元大关。据专业机构预测,到2027年,这一市场规模有望攀升至7 196亿元。同时,"国四"标准稳步推进,为市场的进一步发展奠定基础,使得整体市场呈现出蓄势待发、增长前景可期的良好态势。

然而，国内农机市场分化态势也在加剧。在传统动力机械等低端市场，众多企业纷纷涌入，竞争愈发激烈，已然达到白热化程度；但在细分领域，拖拉机、谷物联合收获机等市场集中度不断提升，玉米籽粒收获机、高速乘坐式插秧机等细分产品更是在市场整体下滑的大环境下实现了逆势增长。此外，新能源和智能农机成为行业新热点，电动拖拉机、智能农机导航等技术蓬勃发展，新能源农机迎来发展机遇期。从产品种类来看，我国农机产品种类丰富，能够研发生产农、林、牧、渔、农用运输、农用动力、农产品加工7个门类所需的65个大类、350个中类、1 500个小类的4 000多种农机产品，其中，水稻插秧机、打捆机等多种产品占有较大市场份额。

综上所述，国内农机市场虽面临一定的市场波动与结构分化等挑战，但在政策推动、技术创新以及庞大需求的支撑下，发展前景依旧广阔。展望未来，国内农机市场有望在中高端领域持续实现突破，实现更加稳健、更具活力的高质量发展，为我国农业现代化建设提供更为坚实的装备保障。

2. 国内农机企业发展特征分析

国内农机企业呈现多元结构与发展态势，中小企业在数量上占据主导地位。从农机企业规模来看，随着国内农机市场的不断扩张，企业数量增多，规模也在持续壮大。据企查猫数据，在众多农机企业中，注册资本100万以下的企业占比超95%，500万～1 000万企业约占3%，500万以上企业仅约230家，1 000万以上企业更是仅有100家，这一数据清晰地表明，国内农机企业规模结构以中小企业为主体，大型企业数量相对较少。从农机企业结构来看，呈阶梯形态势，潍柴雷沃、中国一拖等头部企业凭借雄厚的资金、领先的技术水平和强大的品牌影响力，在中高端市场优势稳固，还积极拓展海外市场，深度参与国际竞争，成为我国农机行业的领军力量；腰部企业则面临较大变革压力，正处于发展的关键节点，部分有望成长为头部企业，部分可能因无法适应市场变化不得不选择转型或退出；尾部企业在激烈竞争中生存艰难，行业结构转型的加速进一步挤压了它们的生存空间，在这种情况下，中高端产品市场份额将持续保持阶梯形分布，中小企业聚焦区域市场，通过提供差异化产品和灵活的经营策略，满足当地农户的特定需求，在细分领域中，有望涌现出一批领先者，以其独特的竞争优势在市场中站稳脚跟。

国内农机企业在多元结构下，不同规模和层次的企业都在积极寻求发展机遇。尽管面临着诸多挑战，但通过差异化发展、精准市场定位，整个行业仍具有较大的发展潜力，有望在未来实现更加稳健、均衡的发展，推动我国农机产业不断迈向新高度。

三、四川农机发展面临的挑战

（一）农业生产条件禀赋差异较大，农机农艺融合不够紧密

四川地形地貌复杂，全省78%的耕地分布在丘陵地区，53%的耕地属于坡耕地。坡度大、田块小的耕地条件，致使全省土地规模化程度较低，加之黏重土壤占比大等不利要素叠加，机械化作业难以有效开展，农机"下田难""作业难"等问题比较突出。从农业生产的各个环节来看，一些农作物品种特性、农艺制度、种养方式及产后加工等与机械化生产之间的不协调问题较为明显，这充分表明，农机农艺融合不够紧密，当前集成配套的机械化生产体系和系统解决方案不能充分满足农业高质量发展需要，成为制约农业机械化进程的重要因素。

（二）农机创新能力薄弱不足，研发水平亟待提升

与国内外先进水平相比，四川在农机智能化、自动化控制技术以及新能源应用技术等关键领域存在较大差距，农机研发面临着前所未有的技术挑战，创新能力的提升迫在眉睫。一方面，四川农机研发基础相对薄弱，农机的动力性能、作业精度和效率有待进一步提升，以满足日益增长的农业生产需求。另一方面，在智能化农机领域，国外先进国家已广泛应用卫星定位、传感器、大数据分析等技术，实现农机的精准作业和远程监控，而四川在这方面的应用还处于起步阶段，与国内外先进水平差距显著。在新能源农机方面，国外已研发出多种成熟的电动、混合动力农机产品，并在市场上得到推广应用，而四川相关产品的研发仍处于实验室阶段，尚未形成产业化规模。这种技术差距使得四川农机产业在市场竞争中处于劣势，难以在技术创新的驱动下实现快速发展。

(三)农机企业数量少规模小，产品结构单一难以满足需求

四川本土农机企业规模普遍较小，实力有限，多集中于大田生产装备制造领域，且产品以中低端为主，结构单一，同质化严重，更新迭代速度缓慢。随着四川农业产业结构的不断优化调整，设施农业、特色养殖以及特色经济作物种植规模逐年扩大，与之相匹配的农业机械研发滞后，难以满足四川农业多元化生产需求。面对市场对产品可靠性、智能化升级的迫切要求，四川农机企业竞争力不足，产品智能化水平较低，无法满足现代化农业生产精准化、高效化的要求，产业发展面临严峻挑战，迫切需要进行转型升级与创新突破。

综上所述，四川农业在生产条件、农机研发和企业发展等多个方面存在问题，这些问题相互交织、相互制约，影响了四川农业发展。当下唯有破解"无机可用""有机难用"的困局，提升农机研发创新能力，推动农机企业转型升级，才能逐步破解当前困境，实现四川农业机械化水平提升，为保障国家粮食安全和乡村振兴战略实施贡献力量。

四、四川农机发展面临的机遇

(一)国家强力推进"全程全面高质高效"农业机械化战略

国家层面立足于全面实施乡村振兴战略以及实现农业农村现代化这一深远的战略部署，大力支持加快农机装备发展和农机产业转型升级，持续加力推进农机装备补短板工作。在科研方面，农机装备首次被列入国家自然科学基金"十四五"优先发展领域，为农机科研注入强大动力，推动了农机科研及成果的"提档升级"，助力一批标志性整机装备成功研制并投入实际应用。在发展布局上，国家积极推进大型高端智能农机装备、丘陵山区适用农机装备研发、制造、推广、应用，精准聚焦农机装备短板问题，构建研发、制造、推广、应用一体化推进机制，整合各方资源，加力推动形成自主可控、低成本高质量高效能的农业机械产业生态。在政策支

持上,推动大规模农机设备以旧换新,激发了市场活力,加速了农机设备的更新换代,着力加快构建农机新发展格局,推动农机行业高质量发展。可以说,农业机械化全程全面高质高效以及农业生产"机器换人",是新时代赋予农业发展的新机遇。

(二)四川高位推动农机化工作,农机发展潜力大

四川积极响应国家战略部署,省委、省政府高度重视,高位推动农机化工作,狠抓良田和良机建设,加力补齐农机装备短板,全力加快打造全程全面高质高效的"天府良机"。先后密集开展调研行动,深入基层摸清农机发展底数,精准设计"天府良机"重点工作布局。在政策制定上,出台三年行动方案等一系列助力农机发展的重要政策和措施,广泛收集农机企业、科研单位、装备园区的需求及建议,深入凝练薄弱环节农机装备需求,从"顶层设计、创新引领、产业推进、交流合作"多维度构建起四川农业机械化发展的"四梁八柱"。四川具备得天独厚的发展优势。省内科研资源丰富,工业基础雄厚,军民融合发展模式成熟,现代高新技术企业集聚,拥有健全的制造业体系,具备较强的产品研发和生产制造能力,通过推动一二产业联合、深化军民融合,共同开展农机装备及关键零部件研发制造,形成四川农机独特的核心竞争力。此外,成渝地区双城经济圈建设为四川农机行业发展带来了新契机,这一区域发展战略促进成渝两地农机互相助力,协同发展,进一步夯实了四川农机行业升级的底气和实力,为四川农机化发展拓展了广阔空间。

综上所述,国家的战略引领为四川农机化发展指明方向,四川的积极实践则是国家战略在地方的生动体现。随着各项举措的持续推进,农业机械化必将在乡村振兴和农业农村现代化进程中发挥更大的作用,为保障国家粮食安全、提升农业生产效率、促进农村经济发展注入强大动力。

五、四川农机化发展实现路径

在农业现代化进程中,农机发挥着至关重要的作用,我们要坚持"需求牵引、政府引导、企业主体、市场运作"的总体要求,走好"适宜化、智能化、绿色化"的发展道路,紧紧抓住省级赋能这一关键,全方位强化农机研发、制造、推广、应

用一体化，持续完善农机创新体系，加速科研成果的熟化，培育农机链主企业，积极建设产业园区，全力打造产业集群，落实各项赋能政策机制，加快实现"天府良机"耕耘"天府良田"，有力支撑新时代"天府粮仓"的建设。

（一）优化农业机械创新体系，搭建跨界协同创新科研平台

农机科技创新链是驱动农机持续发展的内生动力。就四川农机装备科研工作而言，一是应持续聚焦应用研究领域，加快实施农业机械化战略性前瞻性研究。积极推进协同创新科研平台的建设，整合各方资源，打破行业壁垒，广泛吸引农业、科技、高校、科研机构等多领域的力量共同参与。通过建立定期交流机制、设立联合科研项目等方式，提升为政府决策服务的科学性与精准性，同时提高为市场主体服务的质量和水平。二是要持续贯彻落实四川农机创新驱动发展战略，凝聚各方力量组建"天府良机"创新联合体，大力推进农机领域技术协同创新中心、全国重点实验室、"天府良机"智库等重大创新平台的建设与发展，着力打造一支高素质、专业化的科研团队。三是鼓励和支持省内优势单位聚焦高端、智能化农机和关键零部件，开展联合攻关，充分借助其他行业的科技优势，实现科技成果在农机装备行业的转化与应用。

（二）强化农机产业链聚能效应，引导优质企业入链助推高质量发展

加快实现农机产业升级，需要依托四川坚实的工业基础，夯实农机行业生产根基，提升农机企业制造水平。一方面，要加强链主企业培育，始终以企业诉求、产业需求为导向，深入调研产业链上中下游企业的实际情况，围绕生产、消费、使用等各个环节，对产业链上下游、左右岸进行整体协同培育，促进企业间信息共享、技术合作与资源整合。另一方面，积极引导先进制造技术和管理方式向农机行业延伸，推动农机企业向智能、绿色制造和衍生服务方向转变。创新现代农机生产和营销模式，通过线上线下相结合的方式拓展销售渠道，以此增强农机装备产业链的韧性与活力。

（三）以点带面，打造农机装备熟化应用试验平台

四川地形地貌复杂多样，农作物种植类型丰富，从传统的粮油作物到特色的经济作物，对农机装备的适应性和专业性都提出了极高要求。因此，应因地制宜选取重点区域或关键领域建设农机装备熟化应用试验平台，以点带面，促进四川农机装备转型升级。要紧密结合四川农业生产实际情况，充分考量不同地形特点和农业产业布局。例如，在丘陵地区，围绕主要粮油作物、特色水果、蔬菜种植，打造适应小地块、多坡度作业的农机装备熟化应用试验平台，集中科研院校、农机企业、农业合作社等各方优势资源，组建专业的研发和测试团队，配备先进的试验设备和场地，开展针对性试验。通过一系列的试验、改进和优化，加速科研成果从实验室走向田间的进程，使其转化为实用产品，大幅提升农机装备在四川农业生产中的适用性、可靠性与稳定性，从而带动全省农机装备水平的整体提升。

（四）充分发挥国家强农惠农富农政策导向作用，提高所需机具供给能力

农机购置与应用补贴政策是农机化发展的核心支持政策，需要秉持公平、公正、公开的原则，精准聚焦四川农业生产实际需求，将补贴重点向丘陵山区适用农机、特色产业专用机具以及绿色智能农机倾斜。优化补贴申请流程，借助信息化手段助力购机者便捷地申请补贴，让"信息多跑路、农民少跑腿"。同时，建立高效的抽查核验机制，运用大数据分析、实地核查等方式，确保申请信息真实准确，补贴资格合规合理。运用信息化平台对补贴资金的流向进行实时监控，通过大数据比对分析，及时发现和防范异常情况，保障补贴资金安全、高效使用。积极开展政策宣传与培训工作。通过线上线下相结合的方式，广泛宣传农机购置与应用补贴政策，让农民和企业深入了解补贴范围、标准、申请流程等关键信息。针对不同对象开展针对性地培训，帮助农民掌握新型农机的操作使用方法，指导企业熟悉补贴申请流程和要求，提高政策知晓度和实施效果。

六、结语

四川农机发展处于关键历史时期,当前,虽然面临诸多挑战,但在国家战略的引领以及自身优势的有力支撑下,机遇远超困境。通过深入研究国际国内农机发展的宝贵经验,充分把握和利用政策带来的良好机遇,扎实有序地推进各项战略路径实施,四川有望全面提升农机装备水平与产业竞争力。这不仅能够有力推动四川农业机械化进程,稳固保障粮食安全,深度践行大食物观,更将助力四川现代农业实现高质量的跨越发展,在国家农业现代化建设的宏伟蓝图中彰显重要地位与示范价值。未来,四川农机产业需要持续关注行业动态,灵活调整发展策略,积极应对新挑战与新机遇,确保农机发展持续稳健前行,为农业农村现代化建设持续赋能,书写四川农村农机助力农业发展的崭新篇章。

专题报告一
主要粮油机械技术与装备

四川丘陵山区水稻全程机械化生产研究

周小波　王　浩

四川丘陵山区是我国重要的水稻生产基地，但受限于复杂地形和小规模种植模式，机械化水平长期滞后。当前，全省水稻耕种收综合机械化率达81.59%，但种植环节机械化率仅为55%，制种作业更面临"无机可用"的困境。同时，地理条件制约、农机适配性不足、操作复杂及服务体系缺失等问题，严重阻碍了丘陵山区水稻生产的提质增效。

本研究聚焦水稻全程机械化技术路径，通过研究关键技术，探索农机农艺融合的解决方案。研究团队已在轻简型插秧机、自走式直播机等装备研发中取得突破，并通过示范基地验证技术可行性。未来，四川水稻机械化须向信息化、智能化方向深化，以破解丘陵地形制约，助力"天府粮仓"建设，为全国丘陵山区农业现代化提供示范。

一、研究目的及意义

2023年，四川省人民政府办公厅印发《四川省加力补齐农机装备短板 加快打造全程全面高质高效"天府良机"行动方案（2023—2025年）》，明确加快凝练薄弱环节农机装备需求、搭建农机装备创新平台、提高农机服务能力、推进农机基础设施建设、加强农机人才队伍建设等9项重点任务。提出到2025年，全省农机总动力达到5 100万 kW。

2024年，四川将提升单产水平列为全省粮食生产首要任务，同时首次启动"天府粮仓·百县千片"建设行动，推动115个县（市、区）建设1 000个高标准、高水平、高质量集中连片粮油千亩（1亩≈667m²）高产片，助力全省粮食单产提高 4.1kg；农业农村厅等 12 部门联合印发《深入推进"天府良机"行动省级赋能措施》，针对性支持科研创新、农机企业发展、农机装备产业园区建设等。

在此背景下，本研究以水稻全程机械化生产装备研发为核心，目的在于提升水稻的生产效率和单产水平，解决传统种植方式中存在的劳动力不足和生产成本高的问题。通过引入先进的机械化技术，能够优化耕作流程，减少人工干预，提高管理的精细化程度，从而在复杂的丘陵地形中实现更高效地生产。此外，全程机械化生产还将促进农业的可持续发展，降低环境污染，保护土壤和水资源，推动生态农业的进步。

二、国内外研究现状及问题

（一）国外研究现状

近年来，国外水稻全程机械化生产的研究与应用取得了显著进展，涵盖了技术创新、管理模式、政策支持和可持续发展等多个方面。一些国家尤其在高效机械设备的研发与应用上表现突出，例如，日本和韩国在水稻种植过程中广泛使用插秧机、收割机和施肥机，这些先进的机械设备不仅提高了劳动生产率，还有效提升了水稻的单产水平。此外，这些国家积极探索新兴工具无人机在水稻种植中的应用，利用无人机实现精准施肥、喷药和收割管理，从而优化了生产管理流程。

在生产管理方面，美国和巴西的精细农业实践成为全球的典范。这些国家利用遥感技术、土壤传感器及大数据分析工具，增强了对水稻生长环境的监测与控制，进而制定出更加精准的水稻管理策略。这种基于数据驱动的农业管理不仅提高了水稻的产量，还有效地节约了资源，减少了生产成本。同时，农田的区块化管理也促进了资源的合理配置，提高了土地的使用效率，最大化地发挥了每一寸土地的潜力。

农业政策也是国外水稻机械化发展的重要推动力。在印度和泰国等主要水稻生产国，政府通过实施激励政策，如财政补贴、低息贷款和技术培训，增强了农民对机械化技术的使用意愿。这些措施不仅有效降低了农业生产的门槛，还提高了农民的收入水平，促进了农村经济的发展。

此外，与可持续农业结合的研究也引起了广泛关注。在欧洲，特别是北欧国家，水稻种植业越来越重视生态友好型的生产方式，许多国家在机械化过程中强调减少化肥和农药的使用，推广生物防治和有机施肥。通过推动机械化与生态农业的结合，不仅确保了水稻生产的效率，也有效保护了土壤和水资源，助力实现环境的可持续利用。

（二）国内研究现状

近年来，我国在水稻全程机械化生产方面的研究与应用也取得了一定的进展，已成为推动现代农业发展的重要方向。东北地区和长江中下游地区开发的插秧机和联合收割机，已经在当地大规模推广，显著提高了生产效率和水稻单产。此外，国家政策的支持，包括财政补贴、技术培训和示范推广，为机械化生产创造了良好的环境。各地农业合作社和农民积极参与水稻机械化的实践，通过引入现代化设备，减少了对人工的依赖，提升了生产的经济效益。信息化与智能化技术的结合也日益成为国内水稻机械化研究的重要趋势。应用大数据、物联网和无人驾驶技术，一些农业科技公司正在研发更加高效的智能农业解决方案，推动精准农业的发展。

四川作为我国的农业大省，近年来在农作物机械化方面取得了显著进展。在水稻的生产中，耕种收的综合机械化率更是达到了89%。就具体作业环节而言，目前水稻的机耕和机收率均超过了90%，实现了高水平的机械化作业，但水稻的种植机械化率却仅为69%左右。

在丘陵山区，由于地形的限制，机械化种植的比例更是不足45%。丘陵山区土壤多样，地势起伏，使得大型机械的应用受到限制，种植作业仍然依赖大量的人力。相较于大田种植，水稻制种作业则面临着更为严峻的机械化挑战，制种作业几乎"无机可用"。目前，整个制种过程完全依赖人工进行分段式作业，使得制种工作不仅费时费力，而且容易受到人为因素的影响，降低了制种效率。从种子的选育、培育，到后期的繁殖及田间管理，依靠人工完成的环节繁多，增加了生产的成本和风险。因此，推动制种工序的机械化迫在眉睫。为了提升水稻产业的整体机械化水平，尤其是水稻制种作业的机械化，亟须加强研究和开发新型制种机械，以适应丘陵山区的特殊地形条件。

（三）四川地区存在的问题与挑战

1. 地理条件和种植规模的制约

水稻机械化作业，特别是育插秧环节，需要满足田块平整、田面整洁、水层适中、泥浆沉实等要求。而四川约80%的耕地处在丘陵山区，田块分散细碎且形状不规则，农业基础设施薄弱，机耕路及配套水利设施建设不完善，农机难下田、易陷机，导致水稻机插率较低。

同时，丘陵山区大多为"小农户"种植模式，经营规模小，先进农机的投入成本与小规模农户的生产效益存在严重冲突，促使农户不愿购置水稻生产农机具，造成推广应用困难。

2. 缺乏配套的农机具

丘陵山区坡陡路窄，田块分散狭小且落差大，机耕道路建设不完善，特别是冬水田泥脚深、易陷机，田地宜机性差，机具进场难、作业效率低。而现有的大部分水稻农机具质量重、体积大、转弯难、易陷田，适宜丘陵山区的水稻农机具装备种类较少，农机农艺融合不紧密，致使丘陵山区"无机可用""无好机用"。农机装备适宜化低、作业条件差已成为当前丘陵山区水稻机械化发展的最大障碍。

3. 现有机具操作复杂

现有的水稻生产农机具工作原理和操作流程相对复杂。操作人员需要熟悉机器的各个组件，包括传动系统、种植装置和控制系统等。每一部分的正常运行都对插秧效果产生直接影响。例如，插秧深度的控制如果设置不当，可能导致水稻种植过深或过浅，严重时甚至会影响秧苗生长。操作者需要具备一定的技术知识，能够根据具体的土壤条件、水稻品种和气候变化进行合理的调整。驾驶插秧机在田间作业时，机手需要具备良好的判断能力和高超的驾驶技巧，能够快速应对可能出现的意外情况。

再者，目前市面上的各种水稻机械维护和保养复杂。加之由于农村大量青壮年劳动力外出务工，部分已经逐步过渡为"老妇幼"农业，面对机器故障或维修束手无策。农忙时节操作人员及维修人员不足的矛盾比较突出，严重制约了农业技术推广工作的开展。

4. 机具可持续性差

当前使用的水稻移栽机械在可持续性方面存在明显的不足。这些农机具在作业过程中产生的噪声和空气污染问题尤为突出，其排放量往往无法达到环保标准，对自然环境造成一定的污染。部分农机具在运行时发出巨大噪声，同时，排放的废气含有大量有害物质，如颗粒物、氮氧化物等。

此外，这些农机具在设计上往往显得"傻、笨、粗"，缺乏精细化与智能化。这不仅导致了能源利用效率低下，还增加了维修与保养的难度，进一步降低了其可持续性。这种粗放型的机械作业方式已经不符合现代农业绿色、高效的发展需求。

为了提升水稻机械化作业的可持续性发展，可以采用更加环保的材料、优化发动机性能、引入智能化控制系统等措施，降低机械作业过程中的噪声与污染排放，提高能源利用效率。

5. 服务体系不健全

在水稻机械化推广过程中，农机服务网络及保障体系的缺失，使得农民在购买、使用和维护农机具时面临诸多困难。许多农民对高科技农机具的理解不够，缺乏必要的操作和维修技能。而现有的服务机构往往覆盖面有限、服务内容单一，无法满足广大农民的需求。这导致一些农民在农忙季节无法及时获得必要的技术支持或维修服务，进而影响插秧和其他农业作业的效率。

在水稻生产中，机械设备的维护保养是确保农机正常运作的关键。然而，很多农村地区缺乏专业的维修人员，导致机器在使用过程中，如出现故障，维修难度大、费用高。农民因为缺乏相应的技术支持，往往只能依赖于自身有限的经验进行故障排除，一旦遇到复杂的问题，则不能应对，可能造成农作物的损失。

三、技术研究

（一）技术路径探索

针对丘陵地形的特殊性，研发具有高适应性的机械设备至关重要。例如，设计轻型、灵活的插秧机和收割机，以便在坡度较大的耕地上顺利作业，能够显著提高作业效率并降低土壤压实。同时，引入全地形作业拖拉机，能在复杂的地形条件下有效完成耕作和管理任务。

通过大数据分析与物联网技术，建立水稻生产的智能管理平台，推动智能化农业的应用。该平台可以监测土壤湿度、温度和养分状况，结合气候预测，提供精准的施肥和灌溉建议，从而优化资源利用，提升产量。

此外，推动"农—机—农"一体化发展，通过农业合作社和农机服务公司，构建农户与机械服务之间的良好连接，减少农民对设备采购的负担，同时提高机械的利用效率与作业质量。加强对机械化生产技术的培训与推广，让农民掌握相关技能，提高其对新技术的认可度和接受能力。因此，四川丘陵山区水稻全程机械化生产的技术路径探索，应在设备适配性、智能化应用、服务模式创新和技能培训等多个维度齐头并进，以实现农业生产的高效化与可持续发展。

（二）关键技术研究

1. 杂交水稻制种阶段

杂交水稻全程机械化制种包括从稻田耕整平整、播种移栽、施肥、植保施药、辅助授粉、收割到种子干燥等各个应用环节。杂交水稻机械化制种技术需要具备 4 个基础，包括适宜的农机具、宜机化田块、既懂农机又懂制种技术的农机手和高质量亲本种子。从目前中国制种机械化的现状来看，耕整、母本收割等部分环节已实现机械化作业，但父本和母本播种插秧、施肥、植保施药和喷施"920"（生长调节剂）、辅助授粉、父本收割、种子干燥等环节仍面临机械化难题。

福建省农业科学院水稻研究所研发的"农艺农机融合促进杂交稻制种提质增产技术"集成机械耕整、秧盘育秧、机械防治、母本机收等多项技术，融合母本机插、授粉后立即割除父本、密集烤房干燥种子等核心技术，构建农艺农机融合促进杂交稻制种提质增产技术体系，解决制种用工多、劳动强度大等制约产业规模化发展的问题。首创密集烤房干燥水稻种子技术，解决晒种难题，实现节本增效，种子发芽率比自然晾晒提高 3.7%；率先制定制种授粉后立即割除父本的具体时间、留桩高度、父本稻秆放置及除杂保纯等技术指标，实现制种产量显著提高 6.76%，发芽率、纯度分别提高 2.0%、0.6%，同时减轻病虫害、便于稻种抢收。该技术在福建普及率达 91.3%；研制出适宜小田块且母本低损伤的高速窄行插秧机，通过调整播差期、培育秧盘适龄壮秧及提前重烤田等技术创新，建立丘陵山区杂交稻制种母本机插技术体系，提高了母本移栽效率，实现制种产量提高 5.2%。

2. 耕地整地阶段

（1）深耕智能调节技术

水稻机械化种植中出现的深耕不均匀问题，关键在于拖拉机悬挂系统，在此基础上应结合电液一体化技术，重视对深耕自动调节技术的研究。例如，将传感器应用其中，结合拖拉机提升臂距离、地面机械工具，达到对拖拉机高度、俯仰角的控制，实现三点悬挂结构，能够精确调整深耕的精度。

水稻田种植过程中耕地深度的条件依赖拖拉机悬挂作业的形式，但由于水田作业环境较为复杂，在拖拉机工作中需要同步考虑水田地形不同的变化、拖拉机工作中滑移率以及传感器应用性质、机械运动中震动等多种因素的影响。

（2）自动平地技术

水稻作业当中的自动平地就是对需要种植水稻的地块进行平整作业。在这一过程中应用智能化技术主要解决平整作业精度过低的问题。目前，国外有公司采用Field Level-Ⅱ系统对农田的地势进行分析，结合系统的差异自动调节液压系统，达到控制农业机械升降、保持水稻用地平整的效果。现阶段在水稻生产中，国内已经开始使用激光控制水田打浆平地机，确保水田耕作平整。尽管中国农业机械的自动化技术、智能化技术应用较晚，但在深耕智能检测和自动化方面开展了广泛研究，只是尚未形成规模化。

3. 种植阶段

（1）水稻育秧移植

育秧是水稻种植的一个关键环节，对水稻增产、农民增收有重要影响。目前农业机械化在水稻育秧过程中主要是生产线型，例如，精选机、催芽机对种子进行提前处理，种植前充分搅拌土壤、肥料，做好苗床准备；采用播种覆土联合的机器进行播种并喷上农药化肥，做好育苗管理。

目前应用在育苗过程的智能化技术主要是秧盘精密播种性能检测技术，这一技术的应用目的是提高水稻播种的情况，采用光电传感器、机器视觉，确保秧盘播种有效性，保障秧苗良好生长环境。

在2024中国国际农业机械展览会上，展示了智慧育秧工厂的概念，涵盖了从种子到秧苗的全程机械化、无人化培育过程。这种智慧育秧工厂能够显著提高育秧效率，比传统模式高出50～100倍。

（2）水稻钵苗移栽技术

采用水稻钵苗移栽技术形式可以做到不伤根，不需要缓苗期，在日本已经广泛应用，并研发出PZP-80型水稻全自动钵苗移栽机器，主要工作方式是将一排钵苗放到传送带上，机器会将钵苗直接植入田间。这样的机器设备采用的是辅助自动驾驶系统，同时能够完成施肥、除草，实现插秧同时辅助多类型的作业。

4. 田间管理阶段

（1）变量施肥

由于水稻田的地质特点，土壤的含水量过高，流动性较强，所以种植水稻时采用肥料深耕的形式施肥，保证水稻生长肥力均匀。同时依靠变量施肥技术对肥力进行准确控制，也能控制水田的种植成本。

现在对变量施肥技术多是以固态肥为基础进行研究的，如2BD-30同步侧位深施肥水稻精量穴直播机。液体肥便于吸收，可以实现水肥一体化管理，保证水稻种植业向集约化、规模化、现代化发展。所以水稻插秧过程中水肥一体化，同步施肥技术设备研发更加重要，有利于提高肥料的利用率，促进水稻的生长。

（2）除草技术

现阶段，传感器和人工智能在水稻田杂草管理中广泛应用，视觉识别技术也备受重视。如设计出除草机器人等应用设备，有效提高了水稻田种植中除草的精度，减少对秧苗的伤害。智能化技术、仿生化技术的联合应用技术研发较为深入，智能除草机械可通过对杂草感知、杂草识别等关键信息管理，有效控制除草机器，实现精确去除杂草。但是因为水稻田的环境复杂，机械视觉除草技术应用要进一步与机械除草、化学除草、生物除草等技术结合起来，提高除草效率，这也是水稻田杂草管理的关键。

（3）病虫害管理

农药喷洒技术是病虫害管理的关键，集中在水田变量喷雾、高地隙宽幅喷雾两个方向。这一技术能够结合农田的复杂环境、水稻种植的特点，实施专业化的农药喷洒工作。同时现在无人机遥感影像技术对病虫害管理有重要的影响，无人机、遥感成像应用到水田管理时，遥控飞机可以看到高清图像，进而将获得信息直接转化为喷洒信息，有效清理害虫，提高水稻产量。在精确分析水田病虫害分布的基础上，技术上传、共享也能对区域病虫害实时监督控制，及早发现，及早防治。

5. 收获阶段

（1）大田收获

近年来，全球范围内在水稻收获阶段涌现了多项先进技术，美国、日本等国家均开发出了针对水稻收获的联合收割机。通过使用先进的传感器和自动化技术，使机器具备实时监测和调整收割状态的能力，进一步提升了作业精度。

一些公司已经开发出能够在收获期间对农田进行监测和数据收集的无人机。这些无人机通过高清摄像技术，可以实时获取作物成熟度、土壤湿度等信息，从而为收割时机的判断提供可靠依据。

（2）再生稻收获

再生稻的机械化收获一直以来存在很大的问题。在中稻机收过程中，可能会对稻桩造成一定程度的碾压和切割，对二茬稻的生长和产量有着重要影响，降低稻桩的活力及水分养分传输，进而降低再生稻的出芽率。近几年，部分研究机构和企业，探索出了一种适宜当地机收的栽培模式，即采用宽窄行栽秧的同时，根据收割机履带和机身宽度决定中稻栽插规格，能够有效降低在收获过程中对稻桩的碾压，通过优化设计，大幅减少了对稻桩的伤害，为二茬稻的茁壮成长创造了良好条件。

6. 产后初加工阶段

初加工业是农业现代化的重要标志，是连接水稻生产和食品供给的桥梁纽带，也是节粮减损的关键环节。

目前，烘干设备的数量和保有量不断增加，烘干设备的自动化和智能化水平也在不断提升。部分烘干机配备了水分检测仪，能够自动检测谷物的水分含量，并自动控制烘干流程，确保稻谷达到理想的干燥状态。自动化和智能化的设备能够提高烘干效率，减少人工干预，确保粮食质量。

此外，烘干设备的分布和建设情况也在逐步完善，应用效果和经济效益显著。一些地区和企业推出占地面积小的小型移动式烘干机，无噪声、可回收粉尘的热泵烘干机等，适合在不同规模的农田和加工场所使用。这些创新型烘干设备不仅提高了干燥效率，还降低了能耗，符合可持续发展的要求。

（三）取得的成果

四川省农业机械科学研究院有一支长期从事水稻机械化方面研究的团队，在水稻农机和农艺领域拥有丰富的研究经验，具备专业技术知识，并取得了一系列成果。设计了一款自走式水稻直播机，设计控制参数如下：机组整体重量≤80kg，作业效率≥3亩/h，漏播率≤5%，载种量≥2kg，连续工作时间≥2h。结构主要包括精量播种器、动力底盘装置、控制装置3个部分。动力底盘采用3个水田轮，前轮转向，三轮独立驱动，前轮由电机直接驱动，后轮由独立电机、链轮、链条驱动，半轴连接(图1)。

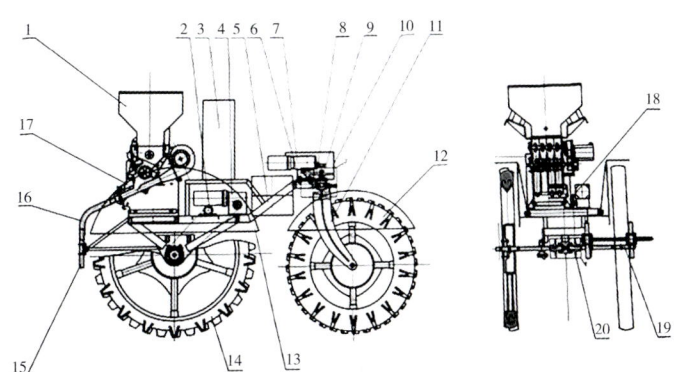

1—种箱；2—链条传动张紧总成；3—4G物联网远程控制箱；4—行走驱动减速电机；5—车架；6—减速电机支座；7—转向驱动减速电机；8—大齿轮；9—转向立轴；10—前罩；11—前叉；12—前轮；13—后挡泥罩；14—后轮；15—排种管；16—连接软管；17—排种总成；18—小链轮；19—半轴；20—大链轮。

图1　自走式水稻直播机

目前专注于四川丘陵山区深泥脚田和梯台田的轻简型插秧机研究，相关工作已取得显著进展。致力于设计一款能够适应丘陵山区复杂地形和独特土壤条件的插秧机，以有效提升作业效率和插秧质量。通过设计研究设计深泥脚田防陷底盘、优化机身结构、材料等，提升插秧机在田间的作业效率和质量(图2)。

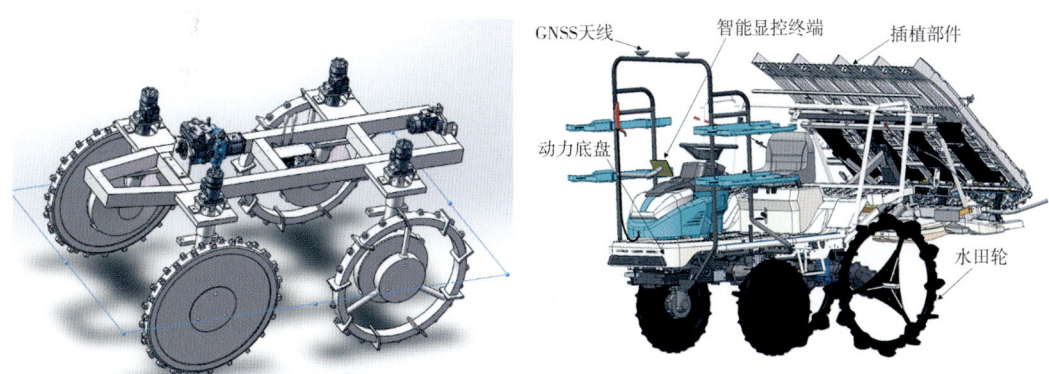

图2　梯台田深泥脚田轻简型插秧机三维结构示意图

四川省农业机械科学研究院在简阳、宣汉等地建立试验示范基地，开展多次插秧机鉴选比对试验，收集了大量的数据和农户反馈意见，以不断完善产品设计，使其更符合实际使用需求。今后将继续推动技术创新与应用，努力为四川丘陵山区的农业现代化贡献力量。

（四）应用场景构建

中国工程院院士、华南农业大学教授罗锡文团队在广东增城启动的水稻无人农场建设，突破了数字化感知、智能化决策、精准化作业和智慧化管理四大关键技术，实现了五大功能，包括耕种管收生产环节全覆盖、机库田间转移作业全自动、自动避障异况停车保安全、作物生长过程实时全监控和智能决策精准作业全无人，取得了显著的经济效益、社会效益和生态效益。

无人农场的第一个关键技术——数字化感知，利用"星、机、地"技术可以精准获取所需要的各种信息，用以指导无人农场生产。"星"就是根据卫星影像分析农作物的长势和病虫草害的信息；"机"就是根据有人驾驶飞机和无人驾驶飞机获取的信息分析作物的长势和病虫草害情况；"地"就是根据地面机器搭载的多光谱/高光谱以及相关仪器获取农作物的长势和病虫草害信息。

无人农场的精准作业主要包括耕整、种植、田间管理、收获和干燥。第一是精准平整技术，精准平整后能达到寸水不过田的要求，即田面高差不超过3cm。第二是播种，无人驾驶水稻直播机采用三同步直播的方式将水稻种子精准播在田中，实现了同步开沟、起垄和精量直播。第三是田间管理，无人机打药已成为我国的主要植保方式；中国农业机械化科学研究院研制成功大型智能化变量喷雾机，可实现杂草自动识别和精准对靶喷施。第四是收获，无人驾驶收获机与无人驾驶运粮车组成自动收获系统，两台车并排行驶，中间横向位置误差不超过5cm、纵向位置误差不超过10cm，可保证将收获机中的粮准确地卸到运粮车上。第五是干燥，稻谷集中干燥系统将稻谷含水率从28%降到13.6%，每小时可干燥14t，每吨成本15元，比人工晒稻谷子还要便宜。

四、下一步发展趋势及建议

（一）制种机械

目前，水稻制种全过程生产基本"无机可用"，依靠传统的人工方式进行优良品种的培育杂交。制种技术环节多、管理精细，机械化作业难度大。为了推动制种产业提质增效，需要补齐短板，推动全程机械化发展。包括从稻田耕整平整、播种移栽、施肥、植保施药、辅助授粉、收割到种子干燥等各个环节的机械化。

在当前农业机械化发展的背景下，推广机械插秧、无人机智能巡田、无人机花时调控、无人机授粉、父母本机械分收等新技术显得尤为重要。这些技术不仅能够有效提升水稻种植的效率和精准度，还能降低劳动力成本，推动农业的可持续发展。

具体而言，机械插秧技术的推广将有助于实现水稻种植的标准化和规模化，减少人工操作的误差，提高插秧的均匀性和成活率。同时，无人机智能巡田技术可以实时监测田间作物的生长状况，及时发现病虫害和水分不足等问题，确保农作物的健康生长。

无人机花时调控和授粉技术的应用，将有效提高授粉效率，确保水稻的产量和质量。通过精准控制授粉时间，可以最大限度地提高授粉成功率，进而提升水稻的产量。此外，父母本机械分收技术的推广，将有助于实现杂交水稻制种的机械化，提升制种效率，降低生产成本。

（二）移栽机械

未来的水稻育秧移栽机械发展将更注重适宜化、智能化和绿色化。

1. 适宜化装备研发

四川作为中国重要的水稻生产区，拥有独特的地理条件和气候环境，但丘陵山区的地形复杂，使得传统的水稻种植方式面临许多挑战。针对四川独特的地理条件和种植规模的特点，研发适合当地的水稻移栽装备尤为重要，尤其是针对小地块、梯台田、深泥脚田的种植需求，开发出更加高效、适用的水稻移栽机械。

在研发过程中，应充分考虑农机与农艺的深度融合，确保研制的水稻移栽装备不仅具备高效的作业能力，还能够与当地的传统种植方式相结合，提高作物的产量和品质。例如，针对小地块的特点，设计研发小型化、灵活性强的移栽机，方便在狭小的田块中灵活操作；针对深泥脚田的特殊性质，研发一些具备良好抓地力和适应性的设备，确保作业效率和质量。

2. 智能化装备研发

智能装备的研发设计能够有效提升监测水平、控制精度，智能装备也是农机装

备优化设计的重点环节。结合先进的传感器技术、数据分析和自动控制系统，能够实现精准的移栽，降低人工成本，同时提升农业生产的可持续性。

智能化水稻移栽设备可通过搭载高精度的定位系统和传感器，实时监测土壤的湿度、温度和肥力等环境参数。这些数据通过大数据平台进行分析，帮助农民对作物生长状况进行科学评估，指导更合理的灌溉和施肥策略。同时，智能设备能够根据实时数据调整作业模式，确保水稻在最佳生长条件下移栽，从而提高生根率和成活率。

在智能设备操作方面，要注重人机工程学，使操作简单便捷。农户可以轻松查看作业状态和实时数据，能够直观地掌握设备的运行情况。设备还具备自动故障诊断功能，能够及时发现问题并报警，提高设备的可靠性和使用安全性。

智能化设备还应采用多功能集成技术，能够实现一机多用。例如，不仅能够完成水稻的移栽，还能够进行耕地、施肥等多项作业，减少农户对多种机械的需求，提高了土地的利用率。同时，采用智能导航系统，使设备在复杂地形中也能高效运行，解决丘陵山区传统机械难以操作的问题。

3. 绿色化装备研发

为响应可持续农业发展战略，随着生态环境保护意识的增强，传统农业的生产方式面临着改革的迫切需求，未来，将追求绿色、高效、低碳的生产方式。在水稻种植领域，通过引入绿色理念，水稻移栽机械将体现出对环境的友好性，实现生产与生态的和谐。

在设计和材料选择上，充分考虑对环境的影响。采用可再生材料和环保涂层，减少对生态环境的污染。同时，可优化设备的结构，降低作业时对土壤的压实程度，以保护土壤的健康和活力，实现土壤资源的可持续利用。

在作业模式上，考虑引入精量施肥和精准灌溉技术，以减少化肥和水资源的使用。通过传感器实时监测土壤的养分和水分状况，智能调整施肥和灌溉策略，确保水稻在生长期内获得最佳的生长条件，降低农业生产过程中的资源浪费，最大程度地保护自然生态。

通过引入清洁能源，例如电动或混合动力系统，减少对化石燃料的依赖。动力控制系统能够根据作业需求精准调节动力输出，既提高能源的使用效率，又降低环境污染风险，体现现代农业的绿色低碳发展。

（三）全程机械化发展趋势

1. 信息化融合发展

多传感器信息融合发展，能够进一步探测传感器监测设备在水稻生产设备的应用潜力。通过整合传感技术、数据处理技术、网络通信、人工智能技术等，再结合土壤、水分、水稻长势等多种信息源的不同特点获得相关信息，由此构建一个多方位的水稻生产机械化信息数据库，覆盖水稻种植的耕地、整地、种植、田间管理等多个方面，实时监控水稻种植信息。此外，将模糊控制、神经网络、支持向量机有效结合起来，提升多传感器信息融合的性能，进一步提高了水稻机械化生产的智能感知能力。

2. 智能化集约发展

结合神经网络开发、变量播种、自动控制系统，重点对播种插秧、深度施肥进行集约化作业。研发多品种水稻相结合的监测系统，实现排水施肥等过程智能控制算法的优化，达到了降本增效、强化资源利用的目的，更好适应规模化、集约化的水稻生产全程机械化趋势。

水稻种植机械化的应用对提升种植效率、降低人工劳动成本具有积极的影响。将智能化技术融入水稻生产全程当中，无论是耕地、育苗、播种还是田间管理的各个环节，均能够实现机械化操作和智能化控制，充分体现出智能化技术的实时动态特点与智能控制优势，这对提升水稻的产量、降低维护成本具有不可忽视的意义。未来智能化技术在水稻机械生产全过程的应用，需要进一步挖掘传感器信息、优化智能算法，这也是未来水稻生产机械化、智能化发展的主要方向。

3. 数字化转型发展

随着智能农业的快速发展，大数据在水稻生产中的应用变得愈发重要。通过对农业生产过程中各种数据的收集与分析，包括气象数据、土壤湿度、作物生长阶段及历史产量等，农民可以制订出更加科学合理的种植方案。这种数据驱动的决策方式，不仅能有效提高水稻的产量，还能降低投入成本。

例如，通过对气象数据的实时分析，农民可以预测气候变化对水稻生长的影响，及时调整灌溉和施肥计划，从而优化资源的使用。此外，利用数据分析工具，可以对水稻品种的产量、抗病虫害能力等进行评估，帮助农民选择最适合当地气候和土壤条件的高产水稻品种。

同时，大数据还能够加强作物对自然灾害的抵御能力。通过历史数据的分析，农民可以了解到某些自然灾害的发生规律，提前做好预警和应对准备。例如，在暴雨或干旱发生前，可以通过精准的灌溉和排水系统来减少损失。

五、结论

四川在农业机械化方面取得了显著成就，然而，水稻种植机械化率的不足以及丘陵山区机械化种植的低比例，仍然制约着农业生产效率的进一步提升。特别是在水稻制种作业中，几乎"无机可用"的现状使得整个过程高度依赖人工，导致生产效率低下、成本增加和风险加大。因此，推动水稻制种环节的机械化显得尤为迫切。应加大对新型制种机械的研发力度，以适应丘陵山区的独特地形条件，从而提升整体机械化水平，促进四川农业的可持续发展和现代化进程。

发达国家以及国内平原地区的水稻机械化水平显著高于丘陵山区，这一差异主要受地理条件、种植模式、种植规模和技术应用等因素的影响。然而，这些因素不应成为阻碍丘陵山区农业发展的主要障碍。为此，政府部门应加大政策支持力度，科研机构、高等院校、企业和推广部门要加强产学研结合，深化合作，集聚资源，致力于研发新技术和装备，大力推动丘陵山区水稻生产全程机械化水平的提升，进而实现农业的高效、现代化发展。

四川地区水稻生产面临多重挑战。地理条件和种植规模限制了机械化作业，特别是丘陵山区，田块分散、基础设施薄弱，导致机插率低。同时，缺乏配套的农机具，现有设备操作复杂，维护和保养也困难，且可持续性差，噪声和污染严重。此外，服务体系不健全，农民在购买、使用和维护农机具时面临困难，缺乏专业维修人员和技术支持。这些问题严重制约了四川地区水稻机械化的发展，需要加强技术研发、优化农机装备、提高农民操作技能，并建立健全的农机服务体系，以促进农业可持续发展。

目前，水稻机械化和智能化发展已经进入了新阶段。未来，随着智能技术的进一步深化和推广，水稻生产机械会向着绿色化、智能化、可持续发展的方向发展。通过多传感器信息整合、绿色化智能装备研发和优化智能算法等技术的应用，将大大提高水稻育秧和移栽的效率，提升水稻生产的可持续性与经济效益，为智能化农业提供强有力的技术基础。

西南丘陵山地玉米全程机械化生产机具配适模式研究

许丽佳　韩丹丹　陈　霖　张黎骅

　　西南丘陵山地作为我国玉米主产区之一,其特殊的地形地貌(小地块、缓坡地、梯田交错)与复杂的耕作条件(土壤黏重、轮作模式多样)对机械化生产提出了严峻挑战,且存在机具适配性差、智能化程度低等突出问题。四川作为典型代表,现有的 27.3 万台玉米机具,以小微型机具为主,智能化机具作业覆盖率不足 13.4%,严重制约了农业生产效益提升。本报告立足区域特点,分析国内外技术现状,结合四川农机结构矛盾,提出"小型化、轻量化、智能化"技术路线。通过攻关黏重土壤精量播种、低位仿形收获等技术,研发适用于不同地形的系列装备,构建配适模式。

一、国内外研究现状

(一)国外研究现状

　　发达国家由于地块较大、玉米品种适宜、收获时玉米籽粒含水率较低,且具备完善的籽粒烘干设备及配套设施,已基本实现玉米生产全程机械化。尤其是欧美发达国家的玉米收获机械装备处于全球领先地位。

　　国外的玉米机械化生产技术发展较早。20 世纪 40 年代,已经开始研究玉米机械化播种,至今已形成较为完善的玉米机械播种体系。使用较多的是气力式玉米精量播种技术，如法国 KUHNMAXIMA2（6/12）系列、德国 HORSCH Maestro 系列等。在玉米机械化收获方面，通常采用通用谷物联合收割机换装玉米摘穗割台的形式，直接收获玉米籽粒，如美国 John Deere 公司的 X9 系列联合收割机、德国 CLAAS 公司 lexion 8900 联合收割机等。由于国外发达国家大都是大规模农场耕作生产模式，因此，国外的玉米生产机械化模式以大幅宽、折叠式、智能化为主，可以适应不同土壤、不同品种玉米进行自决策播种。

（二）国内研究现状

相比于西方发达国家，我国玉米生产机械化技术发展较晚。在播种方面，目前仍以小型机械式播种机为主，部分玉米播种机械在播种过程中，种子分布不均匀，容易出现漏播、重播现象，导致播种质量下降，影响作物生长。在面对不同土壤、气候条件时，难以进行有效调控，从而影响了播种效果和效率。在收获方面，国内近年来涌现出一批研发玉米收获机的知名企业，如天津勇猛、山东巨明、中联重科、中农博远和常发佳联等，开发出多种机型，包括自走式、悬挂式、牵引式等玉米收获机，使我国玉米机收率从 2002 年的 1.73% 增长到 2022 年的约 80%。但我国玉米收获机还存在机型适配性较差、作业效率偏低的问题。

此外，随着科技的进步，我国在玉米机械化中正融入物联网、人工智能等技术，实现了精准施肥、病虫害监测等功能，一些企业研发出可自动调节割台高度和摘穗板间隙的智能收割机，提升了作业稳定性，然而，玉米生产高端装备仍依赖进口，高效低损脱粒技术尚未完全突破。

（三）四川发展现状

以西南农业大省四川为例，现有玉米机具 27.3 万台，以小微型人力操作机具，以及简易播种机和脱粒机械为主，且部分机具使用年限较长、机具作业效果不佳、维护管理水平低、故障率高，以及对部分急需地区农机具供给不及时等，导致现存玉米机具使用率不足 50%。四川的智能化农机具比例低，仅占机械化作业面积的 13.4%。面对丘陵地区地块小、作业空间小、地表不平、土壤黏重、密植播种等局限，现有玉米播种机与收获机的适应性、可靠性及安全性较差，其中，播种机具存在播种漏播率高、播深不稳定、机播出苗率低、智能化程度较低的瓶颈。收获机具存在低位仿形切割困难、差速转向性能不佳、高湿物料易堵塞、作业效率低、收获损失率高以及智能化程度低等问题。为此亟须联合国内外先进制造企业协同突破精密排种、同步仿形播深控制、智能监测与控制等关键技术。

二、西南丘陵山地玉米全程机械化生产机具配适模式研究

（一）配套原则

围绕丘陵山区地形地貌复杂、土壤黏重、地块小散等生产特点，针对玉米播种、收获关键环节适用农机具缺乏的问题，开展丘陵山区黏重土壤轻简化精量播种、收获技术研究与装备研发，按照"重心高改低、尺寸长改短、驱动机改电"的技术路线，突破山地复杂地形行走驱动、单粒精量排种与电机驱动、轻简化播种单体、低损低含杂摘穗、柔性低损剥皮、低破碎高效脱粒清选等关键核心技术，研发系列化播种与收获机。采用科企合作机制，开展产业化生产和推广示范应用，实现丘陵山区玉米机械化高效播收。

（二）配适规模与经济效益分析

针对丘陵山区立地条件和生产状况，按照小台地、缓坡地、平坝地分类开展适度规模机具配置，形成机具配置方案（表1、表2），开展试验示范和规模化推广（图1和表3；图2和表4；图3和表5），支撑西南丘陵山区玉米高效机械化生产。

表1　不同地块的播种、收获农机配置原则

类型	机具配置原则
小台地	2行播种、收获装备，摘穗型收获机
缓坡地	2～3行播种、收获装备，摘穗收获或谷物联合收获机换装玉米割台或者杂粮割台收获籽粒
平坝地	3～4行播种、收获装备，摘穗收获或谷物联合收获机换装玉米割台或者杂粮割台收获籽粒

表 2　不同地块的播种、收获农机配置方案

类型	机具	代表机型	来源
小台地	玉米精量播种机	2BF、2BF-2	研发
	玉米穗收机	4YZR-2	筛选
缓坡地	玉米播种施肥机	2BYM-2、2BYFSF-2	筛选
	玉米籽粒收获机	4LZT-4.0ZB、4LZ-2.5	筛选
	改制玉米籽粒收获机	4LZ-2.5+4YG-3A 割台、4LBY-2	改进、研发
	玉米穗收机	4YZR-2	筛选
平坝地	玉米旋耕播种机	2BMG-4、2BMF-4	筛选
	玉米籽粒收获机	4LZT-4.0ZB、4LZ-2.5	筛选
	改制玉米籽粒收获机	4LZ-2.5+4YG-3A 割台	改进
	玉米穗收机	4YZR-2	筛选

（a）勤和 2BYM-2

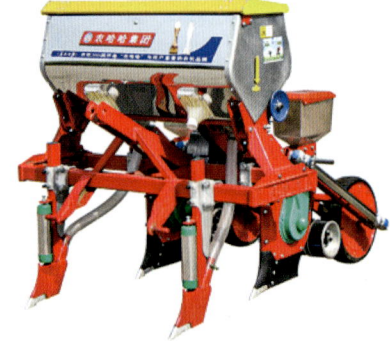

（b）农哈哈 2BYFSF-2

（c）德邦大为 2BMG-4

（d）农哈哈 2BYFSF-4D

图 1　丘陵山区玉米精量播种机

表 3　丘陵山区玉米精量播种机技术参数表

项目	单位	设计值			
型号名称	/	2BYM-2	2BYFSF-2	2BMG-4	2BYFSF-4D
外形尺寸（长×宽×高）	mm	3 170×3 150×1 550	1 550×1 248×980	3 690×4 000×1 950	1 600×2 130×1 180
质量	kg	150	180	2 000	430
行距	cm	45～70	53～70	40～70	50～62
工作行数	行	2	2	4	4
工作幅宽	cm	90～140	106～140	160～280	180～240
排种器形式	/	勺轮式	勺轮式	气吸式	勺轮式
开沟器形式	/	凿铲式	锄铲式	双圆盘式	锄铲式
配套动力	kW	11.3～13.3	8.8～13.2	55～80	18.3～36.7
工作小时生产率	hm²/h	0.5～0.7	0.2～0.3	1.3～2.4	0.38～0.96

（a）巨明 4YZLP-2A

（b）巨明 4YZLP-3A

（c）雷沃 4YZ-2CP

（d）沃得裕龙 4YZL-3A（G4）

图 2　丘陵山区玉米摘穗剥皮联合收获机

表4 丘陵山区玉米摘穗剥皮联合收获机技术参数表

型号名称	单位	巨明2行机 4YZLP-2A	雷沃2行机 4YZ-2CP	巨明3行机 4YZLP-3A	沃得裕龙3行机 4YZL-3A（G4）
整机外形尺寸（长×宽×高）	mm	5 400×1 750×2 670	5 800×1 530×2 900	5 670×1 920×2 750	6 000×2 220×3 000
工作行数	行	2	2	3	3
行距	mm	600	620	600	600
作业速度	km/h	2.0～4.0	2.5～4.5	2.0～4.0	3.0～6.0
作业小时生产率	hm²/h	0.2～0.4	0.25～0.45	0.3～0.45	0.25～0.5
摘穗机构形式	/	板式	板式	板式	板式
剥皮机构形式	/	全胶辊	全胶辊	全胶辊	橡胶辊
秸秆粉碎还田机构形式	/	滚刀式	甩刀式	滚刀式	/
发动机额定功率	kW	73.6	89	103	118
整机质量	kg	2500	3650	4800	4540

（a）雷沃4LZ-6G4A（G4）

（b）沃德旋龙4LZ-4G4A（G4）

（c）雷沃RG25（4LZ-2.5G）

（d）4YG-3A 割台

图3 丘陵山区玉米籽粒联合收获机

表 5　丘陵山区玉米籽粒联合收获机技术参数表

型号名称	单位	雷沃 4LZ-6G4A（G4）+ 4YG-3A 割台	沃德旋龙 4LZ-4G4A（G4）+ 4YG-3A 割台	雷沃 RG25（4LZ-2.5G）+ 4YG-3A 割台
整机外形尺寸（长×宽×高）	mm	5 980×2 720×2 945	5 320×2 170×2 860	5 000×2 380×2 800
工作行数	行	3 行	3 行	3 行
行距	mm	550～650	550～650	550～650
作业速度	km/h	<6.05	/	/
作业小时生产率	hm²/h	0.5～0.8	0.15～0.65	0.27～0.47
喂入量	kg/s	6	4	2.5
脱粒滚筒形式	/	纵轴流钉齿式	纵轴流滚筒	切流＋横轴流式
发动机额定功率	kW	81	52.1	55
整机质量	kg	3 690	2 580	3 100

四川玉米种植面积约 2 800 万亩，若按照 1 000 万亩配置，则需要 5 万台轻简型玉米精量播种机、2 万台轻简型玉米联合收获机、1.5 万台高效玉米联合收获机等装备，再搭配拖拉机、旋耕机等耕整地机械，仅四川就有 13.5 万台的玉米机械生产市场。使用上述农机具每亩人工成本可降低 60% 左右，机械设备的投入大大降低了玉米种收的劳动强度。就全国销售构成来看，玉米机械销售主要集中在 4 个区域，分别是黄淮海区域、东北内蒙古区域、晋陕区域以及云贵川等区域。近年来，国家加大了对丘陵山区适应机型补贴力度，小型化、特种山地玉米播种机、收获机机型销售抢眼，销量增长很快。2021 年，市场销售玉米生产机具超过 5.5 万台，实现市场销量两连增。2022 年玉米收获机市场继续增长，全国补贴 7.08 万元，同比增幅近 15%。综合来看，玉米机械产品升级与市场调整同步进行，畜牧业催生的茎穗兼收玉米机产品、丘陵山区山地型产品以及大型化高端产品升级，产业市场前景广阔。

（三）生产效果实证

1. 轻简型播种机试验结果

西南丘陵山区夏玉米播种时，多数为小麦—玉米或者油菜—玉米的轮作模式，且在黏重土壤条件下，为提高夏玉米出苗率，前茬作物收获后会及时对土壤进行耕整。为验证优化勺轮式排种器在西南丘陵山区的适应性，将优化后的24勺轮盘集成在图4所示的后位仿形播种单体上，与河北农哈哈机械集团有限公司联合研制轻简型勺轮式玉米精量播种机，整机质量为同类型原有机型的78%，采用优化后的勺轮式排种器和后位仿形播种单体后，播种机的整机尺寸和质量更符合西南丘陵山区的实际田间作业条件。

田间作业时，控制拖拉机作业速度为3～6km/h，玉米理论株距为20cm，行距为60cm，播种深度3～5cm，施肥深度10～12cm，种、肥开沟器水平距离保持10cm，在南充夏玉米试验基地开展田间试验。待玉米出齐苗、高度为50cm左右时，对出苗效果进行统计，如图4所示。其中，当播种机作业速度为3km/h时，出苗后的株距合格率最高，约为86%。合格率随着作业速度的增加逐渐降低，变异系数、重播率、漏播率逐渐增加。当工作速度为6km/h时，其合格率依然保持在80%以上。改进后的勺轮式播种机采用后置式仿形机构，结构简单、质量较轻、播种效果较好，适用于西南丘陵山地玉米机械化精量播种。

（a）优化后种勺形状　　（b）播种机田间作业　　（c）出苗效果

图4　勺轮式排种器田间试验（南充夏玉米）

2. 玉米收获机械整机集成与性能试验

将相关技术集成至雷沃、巨明等多款玉米摘穗剥皮/籽粒联合收获机上，并在西南丘陵山区玉米主产区进行田间试验及演示（图5）。其中，玉米摘穗剥皮联合收获机作业效果：2行机作业效率≥3亩/h（3行机作业效率≥4.5亩/h），总损失率≤3.5%，籽粒破碎率≤0.8%，果穗含杂率≤1%，苞叶剥净率≥90%，割茬高度≤100mm（地面平整）；玉米籽粒联合收获机作业效果：总损失率≤4%，籽粒破碎率≤5%，籽粒含杂率≤2.5%，均达到国家标准要求，也符合西南丘陵山地玉米机械化收获的实际需求。

(a) 果穗联合收获机

(b) 籽粒联合收获机

图 5　整机田间试验

三、西南丘陵山地玉米生产全程机械化发展趋势

（一）小型化、轻量化、多功能化

鉴于西南丘陵山地存在小地块、坡地、梯田等复杂地形，迫切需要加快研发适配的农机。重点聚焦小型、轻便且易操作的播种与收获装备，以契合复杂地形的机械化作业需求。同时，大力发展多功能复式作业机具，通过减少进地次数，实现一机多用，显著提升作业效率。

（二）智能化、精准化

借助北斗导航和自动驾驶技术，实现播种机的精准作业，减少播种误差、提高播种效率；根据土壤和作物需求，实现精准变量施肥，提高肥料利用率、减少土壤环境污染；利用图像识别和传感器技术，实现植保无人机精准施药，提高作业效率并减少药害。

（三）绿色化、可持续化

推广免耕播种、秸秆还田等技术，减少水土流失；发展滴灌、喷灌等节水技术，提高西南丘陵山区农作物在干旱季节抵御自然灾害的能力；推广有害生物的生物绿色防控、物理绿色防控和生态绿色防控措施，减少农药使用。

（四）社会化、组织化

发展农机合作社，提供农机专业化服务；提高农机购置补贴，鼓励农民购机并降低购机成本；推动土地流转，扩大地块规模并改善农田基础设施，便于机械化作业；加强农机操作培训，提高农民技术水平，促进农业生产的规模化和现代化。

四、西南丘陵山地玉米生产全程机械化发展的对策建议

（一）突破地形限制，研发适用农机装备

设立专项研发基金，加大对丘陵山地适用农机研发的投入，鼓励企业、科研院所联合攻关，针对不同地形和种植模式，着力研发适用于缓坡地、坡地、小块地、梯田等复杂地形的轻量化、小型化、高效能的小型拖拉机、微耕机等农机装备；研发集开沟、施肥、播种、覆土等功能于一体的精量播种机械；研发2~3行玉米摘穗联合收获机以及高效型玉米籽粒联合收获机；研发基于北斗导航的自动驾驶系统、基于图像识别的精准施药系统等智能化农机装备。

（二）加强基础设施建设，改善农机作业条件

大力开展土地平整、地块合并、修建梯田等宜机化改造，改善农机通行和作业

条件。修建和改造田间机耕道路，确保拖拉机、收获机等农机装备能够顺畅、便捷地进出田间，提高农机作业的可达性。建设并推广滴灌、喷灌等节水灌溉技术，同步推进蓄水池、排水沟等农田水利设施建设，切实增强农田的抗旱排涝能力，优化农业生产的基础条件。

（三）培育新型农业经营主体，发展农机社会化服务

对农机合作社在购机补贴、用地用电、税收优惠等方面给予政策倾斜；培育一批示范性农机合作社，加强示范引领，推广先进经验，带动周边个体农户；对农机大户进行技术培训，提高其操作技能和服务水平；推广"全程托管"服务，为个体农户提供从种到收的全程机械化服务，解决小农户后顾之忧；利用互联网平台，发展"互联网+农机"服务，实现农机供需信息对接，提高农机利用效率。

（四）完善政策扶持，激发农民购机用机积极性

对购买列入国家支持范围的丘陵山区适用农机的农户，提高财政补贴比例；持续扩大适用于丘陵山地的农机具补贴目录范围，尤其注重将小型、轻便、多功能的实用机具纳入其中，满足农民多样化的购机需求；探索"贷款贴息"等方式，降低农民购机成本；扩大农机保险覆盖面，提高保险赔付标准，降低农民使用农机的风险。

（五）加强技术培训，提高农民操作技能

面向广大农民开展全面、系统的农机装备基础知识与安全操作规范培训，涵盖播种机、收获机等各类常用农机设备，确保农民能够正确、安全地使用农机；对农机手进行驾驶操作、维修保养等方面的技能培训，提高其操作水平；利用网络平台开展线上培训，方便农民随时随地学习农机知识与技能；组织农民到农机化示范基地参观学习，进行实际操作演练，促进理论和实践相结合，提升农民的实际操作能力与应用水平。

（六）加强组织领导，建立健全工作机制

建立多部门多方参与的协调推进机制，形成工作合力；制定丘陵山地玉米生产全程机械化发展规划，明确发展目标、重点任务和保障措施；宣传推广先进典型和经验做法，营造良好发展氛围；利用广播、电视、网络等媒体，普及农机化知识，提高农民对农机化的认识。

（七）完善市场服务体系，保障农机长效运行

构建"县—乡—村"三级维修网络，配备专业技术人员和常用零部件库存，实现"小修不出村、大修不出县"，并对维修网点给予运营补贴。

五、结论与展望

针对西南丘陵山区玉米生产全程机械化的发展需求，建议未来从以下几个方面开展研究。

（一）信息化技术赋能农机装备

基于计算机技术，开发基于计算机视觉的作物图像识别、病虫害监测系统，实现精准施药、施肥和灌水；构建农机物联网平台，实现农机位置监控、作业状态监测、故障诊断等功能；利用传感器技术采集大气、土壤、作物生长等数据，实现农业生产过程的数字化、可视化；开发基于人工智能的自动驾驶系统，实现农机自动驾驶、自动避障；通过物联网技术实现农机的远程控制，提高农机管理效率和安全性；建立农业大数据平台，利用大数据分析技术，建立作物生长模型、病虫害预测模型，实现农业生产的预测预警，减少灾害损失。

（二）推进农机"油改电、电代油"

研发覆盖耕、种、管、收各环节的小型化、轻量化、智能化电动农机，形成完整的电动农机产品体系，推动农机动力系统的绿色变革；突破电池续航、充电效率等技术瓶颈，提高电动农机的实用性和经济性；在田间地头建设充电桩、充电站等基础设施，解决电动农机充电难题；利用物联网技术实现充电设施的智能管理，提高充电效率，优化电动农机的使用体验。

（三）建立农机研发、制造、推广、应用一体化推进机制

建立以企业为主体、市场为导向、产学研深度融合的技术创新体系，共建研发中心、实验室等创新平台，促进科技资源的高效整合与利用。积极鼓励高校、科研院所与企业紧密合作，联合攻克关键核心技术，加速科技成果的转化应用，推动农机产业的技术升级与创新发展。

（四）推广"玉米全程机械化＋综合农事服务中心"

整合农机作业、农资供应、农产品销售等服务资源，为农民提供一站式服务；利用信息化技术，实现线上线下服务相结合，拓宽服务渠道，提高服务效率；从播种、施肥、植保、收获等关键环节入手，推广玉米全程机械化技术；建设玉米全程机械化示范基地，展示先进技术和装备，带动周边地区玉米机械化水平提升。

（五）支持建设农机维修网点

鼓励企业、合作社等社会力量参与农机维修服务体系建设，形成多元化的维修服务格局；在乡镇建设农机维修网点，切实解决农机维修难的问题，保障农机的正常运行与及时维护；组织开展农机维修技术培训，提高维修人员的技术水平；鼓励企业建立维修人员培训基地，培养专业维修人才，为农机维修服务体系的可持续发展提供人才支撑。

推进四川丘陵山区农机装备
"补短板强弱项"研究报告——"天府良机"智库 2024 年蓝皮书

丘陵山区油菜机械化关键技术研究与装备开发

雷小龙　李蒙良

油菜作为四川的特色优势油料作物，在保障国家食用油安全方面具有举足轻重的地位。特别是在丘陵山区，油菜种植面临着地形复杂、地块分散、人工成本高昂等多重挑战，严重影响了油菜产业的竞争力。近年来，随着农业现代化进程的加快，农业机械化作为农业现代化的核心要素，其重要性日益凸显。然而，在丘陵山区这一特殊地理环境下，油菜机械化生产仍面临诸多难题。为此，加强丘陵山区油菜机械化关键技术与装备的研发和推广，已成为提升油菜生产效率、降低生产成本、推动油菜产业可持续发展的关键举措。

本报告旨在深入探讨丘陵山区油菜机械化关键技术研究与装备开发的现状、进展及未来趋势。通过梳理国内外油菜机械化生产的发展经验和技术成果，结合丘陵山区的实际情况，提出针对性的技术研发方向和装备创新路径。

一、研发目的及意义

（一）研发目的

四川油菜播种面积、总产、消费总量分别占全国的 19%、23%、20% 左右，成为四川特色优势油料作物，在全国形成了"大米看东北、面粉看河南、菜油看四川"的发展格局。近年来，四川深入实施"天府菜油"行动，为全省油脂稳产保供和高质量发展提供了有力支撑。四川油菜种植划分为川西平原、川中丘陵、川东北盆周山区和川南丘陵区四大优势区域，然而，各主产区的生产种植水平发展不均衡，丘陵山区油菜机械化水平发展相对滞后。

1. 作业条件复杂

由于丘陵山区油菜种植面临地块破碎、坡度大、土壤黏重等不利条件，丘陵山区油菜生产综合机械化率低于全国平均水平，机播率更是不足30%。

2. 播种质量差

油菜播种期9—10月降雨时间长、土壤含水率高、土壤黏重，拖拉机、播种机下田难，播种后，出苗质量不佳，出现大量死苗和僵苗现象。

3. 油菜收获损失大

目前，一次性联合收获油菜籽的损失率较高，而分段收获则成本高且存在二次碾压、铺放质量差、捡拾脱粒时混入泥土等问题。

4. 油菜生产比较效益低下

在油菜生产中，人工成本占总成本的比例较高。根据调查，四川油菜生产平均每亩人工成本约700元，约占总成本的60%，约为湖北的1.92倍、湖南的1.76倍。这导致种植油菜效益较低，从而对油菜产业的可持续发展埋下了重大隐患。

因此，四川亟须研发制约丘陵山区油菜产业发展的油菜精量种植和减损收获装备并推广应用，从而突破地形限制，提高油菜生产效率，降低劳动强度和生产成本，推动油菜产业可持续发展。

（二）研发意义

通过补上油菜机械化生产短板，可实现以下目标。

1. 保障食用油安全

目前我国菜油（含菜籽进口）对外依存度约40%，四川作为油菜主产区，通过积极推广应用油菜全程机械化生产技术，能够有效降低生产成本，提高生产效率和油菜品质，从而稳定种植面积、提高产量，保障国家食用油安全。

2. 提升经济效益

油菜机械化生产可降低人工成本，提高作业效率，增加农民收入。例如，三台邦福农机专业合作社通过油菜机械化种植，每亩地可为农户节约增效200~300元。

3. 促进农业现代化

农业机械化是农业现代化的核心，研发油菜精量播种装备等可实现油菜适度密植，推动农机农艺深度融合，形成标准化种植模式，提升农业现代化水平。

二、国内外研究现状

（一）国外研究现状

加拿大、欧盟国家、印度和澳大利亚是全球主要的油菜籽生产国家。近年来，欧盟国家和印度的油菜种植规模保持稳定，而加拿大通过复垦休耕地，显著扩大了油菜种植面积，一跃成为全球最大的油菜生产国。加拿大和澳大利亚主要种植春油菜，采用一年一熟的种植制度；欧盟和印度则以冬油菜为主。加拿大、欧盟国家和澳大利亚的油菜种植区面积广阔，土壤黏性小，油菜种植已实现全程机械化，收获机械化率几乎达到100%。

以加拿大为例，其油菜产量约为消费量的2倍，出口量占全世界总出口量的60%，如此庞大的出口量离不开高度机械化的生产模式。播种环节，加拿大农民普遍采用多种类型的播种机，如气力式播种机（如 Bourgault Air Seeder）、机械式播种机以及精量播种机等，其中，精量播种机凭借其精准控制播种深度和间距的能力，确保了种子的均匀分布，极大地减少了种子的浪费。田间管理，加拿大农民利用农药植保机有效防治病虫害，通过肥料撒布机精准追肥，而在干旱地区，则采用中心支轴式喷灌系统或滴灌系统，确保油菜生长得到充足的养分和水分。收获时，使用集割晒、脱粒、清选、秸秆处理等功能于一体的联合收割机，一次性完成收获作业；或者采用割晒机和捡拾脱粒机完成阶段收获，收获后的油菜籽粒通过专门的籽粒清理机和干燥机进行处理，以达到储存或加工标准。

欧盟国家如德国、法国等，油菜种植也基本实现机械化，种植制度多为一年两熟，采用中等规模机具作业。耕整地通常由大型联合耕整机一次性完成作业，或者先使用大型铧式犁进行深翻，再运用整地机械进行碎土平整作业，作业效率较高。在机械化收获方面，同样具备先进的设备和技术，能够高效、低损地完成油菜收获工作。

综合来看，国外油菜机械化生产大都采用免耕或少耕模式，土壤黏度低，且规模化程度高，适宜于大型农机装备作业。在播种方面，采用气力式播种机用气流将种子和肥料均匀吹入土壤，适合大面积、高效率播种，尤其适用于油菜、小麦等谷物，是国外油菜播种的主要机型；且集成GPS导航、变量速率技术（VRT）和自动控制系统，实现播种深度、间距的精准控制。在油菜收获技术方面，加拿大90%以上油菜采用联合收获，其中高密植技术的应用使得收获效率显著提升。联合收获机如John Deere S700系列、Case IH Axial-Flow® 240系列等，通过滚筒转速自动调节和损失率传感监测等技术，实现了损失率低于5%。此外，油菜收获机械化技术的不断进步，如机械分段收获和联合收获的经验和做法进一步提高了油菜的收获效率和质量。两段收获作为补充应用，MacDon FD1系列柔性割台，支持低割茬（15cm）与均匀铺放，Honey Bee 1000系列，配备自动对行系统，捡拾效率高。

（二）国内研究现状

我国是油菜种植大国，常年种植面积1亿亩左右，年产量1 400万t左右，约占世界总产量的30%，产量和面积位居全球前列。2022年全国农业机械化发展统计公报显示，油菜耕种收综合机械化率为65.62%，与发达国家相比，仍有较大差距。

1. 油菜机械化种植技术与装备研究进展

在油菜种植环节，我国地域辽阔，种植方式多样，包括机播、移栽以及人工撒播等。北方春油菜产区机械化水平相对较高，多采用直播方式，地块较大，适合大型农机具作业；南方冬油菜产区机械化水平相对较低，种植方式多样，70%为育苗移栽，30%为直播。其中，四川是全国油菜第一大省，油菜种植面积常年保持2 000万亩以上，总产量稳居全国第一，但在南方冬油菜种植环节中，机种率只有45%，云贵等省甚至不足10%。油菜移栽是机械化的关键难点之一，85%是稻油轮作，随着水稻收获期不断推迟，油菜的生长期受到挤压，移栽虽能实现高产并减轻病虫害问题，但加大了机械化难度。旱地移栽主要依靠挖穴或开沟进行，利用土壤流动回覆填土，而稻茬田土壤黏重不流动，机器难以移栽。

目前，华中农业大学研制的2BFQ系列油菜精量联合直播机，集成旋耕、灭茬、开畦沟、精量播种、施肥、仿形驱动、覆土等多种功能，适应春油菜、冬油菜、少免耕等多种种植模式和农艺要求。近年来，以耕播集成技术为核心的油菜精量联合直播机在湖北、湖南、江西、安徽、浙江、江苏、陕西、四川、重庆、新疆等 19 个省、自治区、直辖市进行了示范与推广应用。四川农业大学、四川省农业机械科学研究院、四川耀农农业装备有限公司和中江泽丰小型农机制造有限公司已开展油菜生产农机装备的研发与生产，形成了 2BYFQ-6 型、2BYFQ-8/10 型油菜气送式联合精量播种机、2BMF-8 型油菜免耕播种机。2BYFQ-8/10 型油菜气送式联合精量播种机已产业化，在四川油菜主产区和浙江杭州推广应用，并于 2024 年在长沙国际农机展上发布了新机并进行展示。湖南农业大学研发了 2BYF-6 型油菜免耕直播联合播种机和 2BYD-6 型油菜浅耕直播施肥联合播种机等。农业农村部南京农业机械化研究所和扬州大学联合科研团队开展技术攻关，研发油菜毯状苗高效机械化育苗移栽技术，并与国机常林 2ZGK-6 型联合移栽机等设备配套使用，但目前在油菜育苗技术及其对土壤的适应性等方面仍需要进一步探索和完善。

2. 油菜机械化收获技术与装备研究进展

油菜机械化收获主要有联合收获和分段式收获两种方式。联合收获方便简捷，但适应性差，对油菜成熟度等要求高，收获损失率高，收获的菜籽品质差，含水率高，易霉变；分段式收获是传统油菜收获的主要方式，在油菜八九成熟时割倒，晾晒 5 ~ 7d 后再用机器捡拾脱粒，损失率较低，油菜籽成熟度一致、品质好，市场收购价相对高，但农机需要两次下田作业，作业成本较高。

农业农村部南京农业机械化研究所、华中农业大学等科研院所和星光、沃得等公司研发了油菜割晒机和捡拾脱粒机等，研发有 4SY-2 型油菜割晒机、4SY-2.3 型油菜割晒机、4SJ-2.3 型油菜捡拾脱粒机、谷神 RG50 纵轴流油菜捡拾机等；联合收获机重点攻克了柔性齿杆脱粒滚筒、多风道分层清选装置等核心部件，重庆鑫源农机公司开发的"小型履带式油菜联合收割机"，在一定程度上解决了丘陵山区油菜机收的问题。

总体来看，国内油菜联合播种机和移栽机技术取得了显著进步，已形成系列产品并广泛推广，但仍面临适应性、可靠性和精确度等方面的挑战。油菜精量联合播种机在土壤黏重、湿度大及坡度大的丘陵山区，存在堵塞、沟型不规整、秸秆缠绕及播深不一致等问题，且其小粒径种子排种检测、漏播补种等智能监测系统精度有待提升。油菜移栽机主要存在育苗秧苗生长不整齐、密度不均匀或盘根效果不好等问题。此外，黏重土壤因其高塑性，影响了回土效果，从而降低了作业质量，导致油菜播种和移栽机对黏重土壤的适应性较差。油菜成熟度一致性差，油菜联合收割机多是在稻麦联合收割机基础上局部改进形成的兼用型产品，收获损失率高，油菜籽专用联合收获机虽有发展，但专用机的割台适应性、脱粒清选效果等还需要进一步优化。分段收获机作业效率低，受天气影响大，且受限于田块大小和厢沟布局等，常面临铺放质量参差不齐、捡拾作业不流畅以及漏捡现象频发等问题。因此，适宜丘陵区黏重土壤、坡地的油菜播种和收获机械是亟须突破的短板。

（三）四川研究现状

油菜作为四川特色优势油料作物，在保障国家食用油安全方面具有举足轻重的地位。据统计，四川油菜种植面积常年保持在 2 000 万亩以上，总产稳居全国第一。2024 年，全省油菜籽平均亩产较上年增加 10kg 左右，部分高产示范区测产数据创历史新高，绵阳市三台县"油稻轮作"模式下机收亩产达 234.78kg，乐山市夹江县两段式机收亩产突破 271kg。近年来，四川农机科研院所与企业聚焦油菜生产机械化开展了相关装备研究，如四川农业大学与四川耀农智慧农业科技有限责任公司联合研发了 2BFYQ-8/10 油菜气送式精量联合播种机等。但目前，四川油菜机械化生产关键环节短板仍较为突出，特别在播种和收获环节，稻茬田机械移栽技术尚未完全突破，丘陵山区仍以人工移栽为主；联合收获易导致菜籽含水率偏高、损失率高、品质下降。

三、技术研究

（一）技术路径

以油菜种植装备和收获机符合轻量化、可靠度、精量度等为要求，从作业效率、节约成本和种植大户需求等角度出发，总体以油菜精量联合直播和联合收获为主，以油菜移栽和分段收获作为辅，构建宜机播机收品种→关键技术（包括农机农艺融合技术）→核心部件→整机装备→生产应用的研究路径（图1），实现油菜高效轻简型种收农机装备的研发与应用。

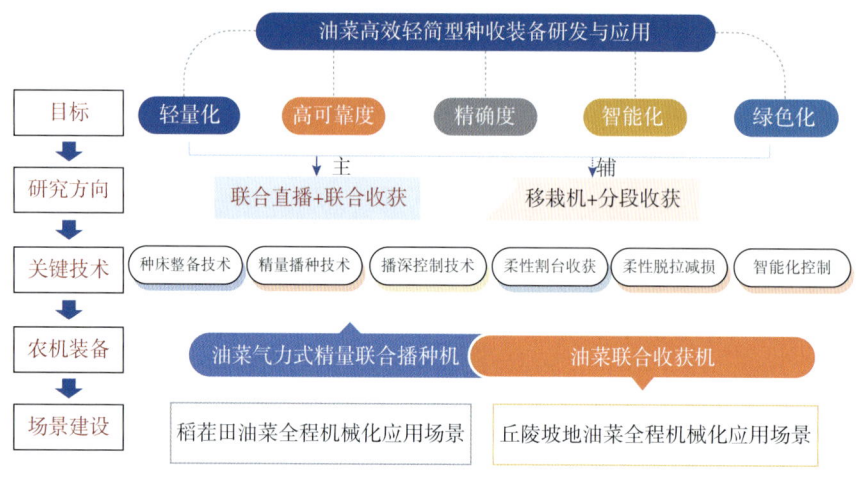

图1 研究路径图

（二）关键技术研究

1. 种床整备技术

针对四川丘陵湿黏稻茬土壤特性，该技术通过创新旋耕刀具结构、开厢沟装置、地表平整与作业模式协同优化，实现稻茬高效粉碎与土壤精细整备。采用通轴浅旋与组合式刀具，匹配200~300rpm刀轴转速与10~15cm耕作深度；组合式开厢沟装置实现厢沟深度20~25cm、宽度30cm的稳定性厢沟；同时集成柔性平地装置构建"上虚下实"种床结构（表层松软层、底层紧实度较高），形成良好的排水排湿系统，有效解决渍害问题，为油菜播种创造粒径<3cm的均匀种床条件。

2. 油菜精量播种技术

基于气力式排种与智能调控融合，突破丘陵地形下的播种均匀性控制难题。创新或改进稳压稳流风泵、流场结构和排种轮等，创制气力式排种器，实现一器多行、小粒径种子均匀排种，各行排种量一致性、变异系数低于6.5%，排种稳定性变异系数低于2.0%，种子损失率低于0.5%。并实现同步排种电驱技术，实现根据前进速度同步排种，精确控制播种量，使油菜植株分布更加均匀，有利于通风透光和田间管理。

3. 播深控制技术

针对坡地复杂地形研发播深调控系统，创新开沟器结构、减阻防黏材料和仿形机构，研发仿形开沟器，集成激光雷达与压力传感器实时检测地表起伏（精度 ±1cm）和土壤紧实度（误差 <5%），实现 2～5cm 播深动态调节（响应时间 <0.5s），提高出苗整齐度和出苗率。

4. 柔性割台收获技术

通过多自由度仿形机构与智能调控系统结合，攻克油菜收获割台损失率高的技术瓶颈。研发多连杆仿形割台、柔性输送链、柔性绞龙和弹性切割器等核心部件及油菜专用低损柔性割台。集成液压浮动系统和割台调平系统，保持割台接地压力恒定和水平，实现坡地作业时割茬一致性和割台损失率。

5. 柔性脱粒减损技术

创新橡胶钉齿与螺旋纹杆组合式脱粒系统，通过滚筒无级变速（300～500rpm）与凹板间隙调节（10～30mm）实现低冲击脱粒，化控提高油菜成熟度，使籽粒破碎率 ≤ 1.5%。开发双风道清选系统，主副风机协同作用提升清选效率，总损失率 ≤ 6.5%。创新研制的柔性脱粒清选系统降低了油菜收获总损失率和提升了作业效率。

6. 智能化控制技术

智能化控制技术在油菜机械化生产中的应用，可有效提高生产效率和管理水平。通过在农机具上安装传感器、控制器和通信模块，实现对农机作业过程的实时监测和远程控制。播种机监测作业速度、播种合格率、漏播率、种肥箱余量检测系统；在联合收割机上安装智能监测系统，可实时监测油菜的收割进度、损失率、籽粒含水率等参数，构建油菜生产装备"感知—决策—执行"全链条智能系统。

（三）研发成果

1. 技术成果

在油菜机械化关键技术研究方面，研发了适应四川丘陵山区的种床整备、播深控制、精量排种、柔性割台收获、柔性脱粒减损、智能化控制等关键技术，成功攻克了多项技术难题，并在此基础上，依托核心技术，研制出了关键部件，如在种床整备技术方面，研发适宜稻茬田的种床整备装置，有效解决了湿黏稻茬土壤整备的棘手问题，为油菜生长创造了良好的土壤环境。

2. 装备成果

研发出了一系列适合四川丘陵山区的油菜机械化种植和收获装备，包括油菜气力式精量联合播种机、油菜联合收获机等，并进行产业化。

（1）油菜气力式精量联合播种机

集成了种床整备、施肥、气力式播种、覆土等多种功能，可一次性完成油菜播种作业，具有作业效率高、播种质量上乘的特点，非常适用于小农户及规模化种植户。

（2）油菜联合收获机

通过柔性切割与脱粒，降低与油菜植株的冲击，适合在丘陵山区的小块田地作业，具有损失率低、脱粒干净、适应性强等优点，有效解决了山区油菜机械化收获难题。

（四）应用场景构建

1. 稻茬田油菜全程机械化应用场景

针对四川盆地稻茬田湿黏土壤、稻茬残留量大及茬口衔接期短等问题，通过集成创新技术和装备实现高效作业，在油稻轮作模式下的油菜主产区（川西平原、川中丘陵、川东北盆周山区、川南丘陵区）推广应用油菜气力式精量联合播种机和油菜联合收割机等装备，实现油菜耕种管收全程机械化作业。在油菜生产中，通过应用全程机械化作业，成功破解渍害难题，显著提高苗期的整齐度，确保出苗率稳定在80%以上。播种效率达到5亩/h，有效提升作业效率。此外，通过技术优化，将总损失率控制在≤6.5%，破碎率控制在<1.8%，进一步提高油菜生产的整体效率。该场景下亩均生产成本降低30%，产量较区域内平均产量提高10%，规避传统模式因排水不畅导致的减产风险，实现稻油轮作全程机械化闭环。

2. 丘陵坡地油菜全程机械化应用场景

面向6°～15°坡地、细碎地块及高砾石含量地形，通过集成适宜于坡地新技术和新装备实现高效作业。在油稻轮作模式下的油菜主产区（川东北盆周山区、川南丘陵区）推广应用轻简型油菜气力式精量联合播种机和油菜联合收割机等装备。应用场景实现全程机械化作业，且解决了坡地播种的适应性难题，利用仿形开沟器确保了播种深度的一致性，实现出苗整齐度达80%；在坡地收获时割茬高度稳定在20～30cm，籽粒损失率≤6.5%，破碎率<1.8%。该场景下亩均生产成本降低30%，产量较区域内平均产量提高10%，为丘陵区复杂地形提供可复制的油菜全程机械化生产样板。

四、下一步发展趋势及建议

（一）发展趋势

1. 精准化

随着智慧农业、精准作业等技术的不断发展，油菜播种和收获环节的精准化成为必然走向。在播种环节，通过应用高精度的排种系统、智能控制系统及播深调控系统等先进手段，可精确调控播种量、播种深度及行距等关键参数。具体而言，通过传感器实时监测土壤的湿度、肥力、质地等状况，智能控制系统依据这些实时数据自动、精准地调整播种参数，确保每粒种子都能实现精准定位播种。在收获环节，利用产量监测传感器和控制系统，可以实时获取油菜收获机的作业参数，并通过柔性收割和脱粒系统，降低油菜收获损失率，从而提高油菜生产的精准化程度。

2. 高可靠性

鉴于丘陵山区作业环境复杂多变，如地形起伏大、地块狭小且不规则、气候条件不稳定等，以及农业生产高强度作业的需求，油菜播种和收获机械的可靠性已成为衡量其性能优劣的关键指标。未来的研发将更加注重机械结构的优化设计、材料的选择和制造工艺的提升，从而提高机械的整体强度和耐用性。同时，加强对关键零部件的质量控制和可靠性测试，采用先进的故障诊断和预警技术，如基于大数据分析的故障预测模型、智能传感器监测技术等，提前察觉潜在的故障隐患，并及时采取有效的解决措施，从而大幅降低机械故障率，确保作业的连续性与稳定性，减少因机械故障导致的生产延误和经济损失。

3. 智能化

智能化是未来油菜机械化发展的重要趋势。借助人工智能、大数据、物联网等先进技术，播种与收获机械得以实现智能化操控与自主作业。例如，播种机可以根据土壤湿度、肥力、地形等实时数据，自动调整播种参数；收获机能够根据油菜的成熟度、植株高度、田间障碍物等情况，自动调节割台高度和滚筒转速等，并自主规划作业路径，实现少人化或无人化收获。此外，智能化技术还可以实现对机械的远程监控和管理，机手可以通过手机或电脑远程操作机械，查看作业进度和机械状态，提高作业效率和管理水平。

4. 强适应性

针对丘陵山区地形复杂、地块小、坡度大和湿黏土等特点，研发具有更强适应性的油菜播种和收获机械已成为当务之急。在机械设计上，注重提高机械的通过性和稳定性，采用小型化、轻量化的设计理念，优化机械的整体结构布局，减小机械的转弯半径和占地面积，使机械能够在狭窄的田埂和坡度较大的地块自由作业。同时，开发多种作业模式和功能模块，满足不同农户的种植习惯和多样化的种植条件需求，提高机械的通用性和适宜性。

5. 绿色化与电动化

在全球倡导绿色发展、可持续发展的大趋势下，绿色化已成为油菜机械化发展的必然趋势。未来，油菜播种和收获机械将更加注重节能减排。在动力驱动方面，将发展电机驱动技术，采用高效的电机动力系统和先进的节能技术，逐步替代传统的燃油动力系统。例如，研发以高效锂电池为动力源的油菜播种机和收获机，不仅可显著减少对传统燃油的依赖，降低尾气排放，有效改善农业生产环境，还能降低机械的运行成本，提高能源利用效率。

（二）建议

1. 构建政产研用联合体

由政府机构、农机生产企业、科研机构和农民专业合作社组成政产研用联合体，共同开展油菜播种和收获机械化关键技术与装备的研发和应用。政府机构充分发挥统筹协调职能作用，依据油菜产业发展需求，科学合理制定整体规划，精准高效调配资金、人力资源等关键要素；科研机构发挥专业技术优势，开展"品种—农艺—农机"一体化攻关技术研究与创新；企业负责提供部分研发资金和生产设备，将科研成果转化为实际产品；农民专业合作社则依托自身种植基地，构建"田间实验室"，开展装备可靠性测试与应用数据采集，确保研发的技术和装备符合实际生产需要，以此形成"需求牵引—技术攻关—产品迭代—场景验证"的良性循环。通过四方紧密合作，加速技术创新和成果转化，提高油菜机械化水平。

2. 加大政策支持力度

油菜作为四川优势产业，政府应出台一系列扶持政策，鼓励和引导企业与科研机构开展油菜机械化技术研发和装备制造。例如，设立专项研发资金，对关键技术和装备研发、中试和推广项目给予资助；提高油菜播种和收获机械的补贴标准和范围，降低农户购买成本；给予农机生产企业减免企业所得税、增值税等税收优惠政策，切实减轻企业负担，增强企业的盈利能力和研发投入能力；引导金融机构为农机生产企业提供低息贷款、信贷担保等金融支持，拓宽企业融资渠道，助力产业蓬勃发展。

3. 加强人才培养

油菜机械化技术与装备的发展需要大量的专业人才。依托四川科研院所、高等院校农机相关专业的学科建设优势，全面优化人才培养方案，着力提升人才培养的质量与水平，为油菜机械化技术与装备产业的发展提供人才储备。同时，开展针对农机操作人员和维修人员的技能培训，通过举办培训班、现场实操指导、线上课程学习等多种形式，提升他们的操作技能与维修水平，以确保农机装备正常运行并高效利用。此外，鼓励高校和科研机构与企业开展产学研合作，培养既懂技术又懂市场的复合型人才。

4. 完善社会化服务体系

建立健全农机社会化服务体系，大力培育发展农机大户、农机专业合作社、农机租赁公司等服务组织，鼓励其积极开展油菜全程农机社会化服务。通过整合资源、优化服务流程，为小农户提供一站式解决方案，切实有效解决小农户因资金短缺、技术不足等原因无法实现机械化作业的难题。同时，加强农机售后服务网络建设，在乡镇、村合理布局售后服务网点，及时为农户提供机械维修、零部件供应等服务。建立健全售后服务质量监督机制，规范服务流程和标准，提高服务效率和质量，确保农机的使用效率与使用寿命。

5. 开展示范推广应用

选择稻茬田和旱坡地建立丘陵山区油菜机械化示范基地，展示和推广先进的机械化生产技术及装备。通过现场演示、技术培训等方式，让农户直观了解机械化作业的优势和操作方法，提高农户对机械化的认知度和接受度。同时，总结示范基地的成功经验，形成可复制、可推广的成熟模式。加强与媒体的合作，多渠道宣传示范基地的成果和经验，发挥示范引领作用，带动整个丘陵山区油菜机械化水平的提升。

四川丘陵山区马铃薯机械化关键技术研究与装备开发

廖　敏　顾炳龙

在国家积极推进马铃薯主粮化战略的大背景下，马铃薯在我国粮食生产体系中的地位日益重要。作为第四大主粮作物，我国马铃种植总面积和总产量在世界占比较大。

然而，在马铃薯产业蓬勃发展的进程中，机械化生产却成为制约其进一步发展的关键因素。尤其是云、贵、川、渝等地，作为马铃薯主产区，种植面积和产量占比高，但由于耕地零散细碎、种植方式多样，马铃薯机械化水平远低于全国平均水平，阻碍了该地区马铃薯产业的发展。与此同时，国内外在马铃薯机械化研究方面虽有成果，但仍无法完全满足我国丘陵山区的特殊需求，现有机具在丘陵山区存在适用性差、智能化程度低等问题。面对这些困境，深入开展丘陵山区马铃薯机械化关键技术研究与装备开发迫在眉睫。

一、研发目的及意义

（一）研发目的

2016年，农业部发布《关于推进马铃薯产业开发的指导意见》，将马铃薯主粮化战略和马铃薯耕、种、管、收全程机械化提升到国家高度。我国马铃薯总面积和总产量分别占世界的27%和24%，马铃薯已成为中国第四大主粮作物。以云、贵、川、渝为主的西南一、二季混作区是我国的马铃薯主产区，马铃薯种植面积和产量分别占全国总量的50%和43%。由于西南地区地处丘陵山区，区域内地势复杂、地块细碎、耕地分布零散，以及复杂多样的种植模式和生产条件制约了马铃薯生产全程机械化发展。2022年，我国马铃薯生产综合机械化率达到了53.34%。2022年，四川马铃薯综合机械化率仅25.53%，与全国差距巨大。四川是我国重要的马铃薯主产区之一，四川马铃薯种植面积和总产量均位居全国前列，主要分布在成都、绵阳、广元等市，以及通江、南江、万源等县（市），凉山、甘孜等自治州也有广泛种植。2022年，四川马铃薯种植面积达1 100万亩，总产量约占全国的15%，在全国马铃薯种植面积中占比显著。全省21个市（州）均有种植，种植面积超过1万亩的县达150多个，主要以散户和小规模种植为主，地块较小，种植模式多样。此外，现阶段四川马铃薯机械化生产服务与其种植规模不匹配，其中，种薯制备全靠人工完成。2023年，全省农机服务组织数量达16 457家，但提供马铃薯机械化服务的组织却寥寥无几。

针对四川丘陵山区马铃薯规模化、机械化生产过程中存在"短板弱项"，现阶段急需开展适用于该区域的马铃薯全程机械化关键技术与装备研发，形成农机农艺融合的主推机械化生产技术模式，并进行技术成果转化和应用推广。

（二）研发意义

进行适用于丘陵山区马铃薯生产全程机械化关键技术与装备开发，加快这些装备试验示范和熟化定型，将有利于优化调整四川乃至西南丘陵山区农机装备结构，为丘陵山区马铃薯机械生产社会化服务提供技术装备支持，提高丘陵地区马铃薯生产机械化水平。通过提高马铃薯生产机械化水平，减少人工投入和节约成本，提升马铃薯单产及商品薯品质，将有力推动国家马铃薯主粮化战略和"大食物观"的深入实施，为乡村振兴贡献力量。

二、国内外研发现状及问题

（一）国外研发现状

目前，国外马铃薯全程机械化技术已发展相当成熟，相关的马铃薯生产装备品牌林立，制造企业更是数量可观。如美国的 Double L、洛甘农机公司，在行业内颇具声名；德国的格立莫（GRIMME）、格拉斯（CLASS），凭借精湛工艺与先进技术，占据着不小的市场份额；比利时的 Dewulf、AVR 等品牌，同样不容小觑。此外，意大利的 FLLISPEDO，以及日本的东洋公司、三荣等，也都各有所长。

由于不同国家马铃薯品种存在显著差异，无论是薯块的形状大小，还是芽眼的数量、分布状态，都各具特点。以美国、德国为代表的马铃薯生产播种多采用整薯，机械为大型装备，智能化程度高，主要用于地块较大的平原区域，而我国大部分区域以切块薯播种，种植区域以丘陵山区为主，因此，美国、德国的马铃薯农机装备难以满足我国马铃薯生产要求。日本、意大利的地形地貌与我国丘陵山区有相似之处，虽然其研发的马铃薯机械较美国、德国等企业的更适用于丘陵山区，但这些国家的马铃薯生产装备在我国都不多见，推广应用较少。

（二）国内研发现状

国内的马铃薯全程机械化生产企业和品牌主要有青岛洪珠、希森天成、中机美诺、格立莫等，此外，还有德州鸿友、青岛菲尔特、日照美盛、宁津县奥华、万荣县益民、费县华源等。

国内在种薯自动化切块技术研究起步较晚，尚处于探索攻坚阶段。山东理工大学的郭志东等成功研制出一款马铃薯自动切块机；新疆生产建设兵团的周树林发明了舀勺定刀式马铃薯切块机；东北农业大学的吕金庆等也设计了马铃薯种薯切块机，但这些设备虽然都能实现种薯切块，但均不具备芽眼检测功能。张万枝构建了一种小型马铃薯种薯自动切块机模型，该模型能够识别芽眼，并采用3种刀型对满足要求的种薯进行切块。总体来说，目前种薯制备机大多仍处于研发阶段。

马铃薯播种机以舀勺式排种机构为主，具有代表性的有中国农业机械化科学研究院研发的 2CM-4B 型牵引式马铃薯播种机，甘肃农业大学研发的 2CML-2 型马铃薯播种机，青岛洪珠公司 2CM-2C 型大垄双行、希森天成公司 2CM-1/2 大垄双行等，可一次性完成播种、施肥、覆土等功能。

马铃薯收获装备除常用的分段悬挂式马铃薯挖掘收获机外，还有马铃薯自走式收获机。我国通过引进国外马铃薯自走式收获机，在其基础上开展了适合我国国情的自走式收获机具研发，具有代表性的有黑龙江北大荒众荣公司 4U-2A 型、山东洪珠公司 4U-90LH 型、希森天成公司的 4ULZ-170 型、中机美诺公司 1710 系列牵引式马铃薯自走式收获机。

我国已经有多家农机公司和科研院校开始自主研发适合我国国情的马铃薯播种、收获等机械，但其研发生产的机具以大中型机具为主，难以适应西南丘陵地区田块小、土壤黏重、坡度大、农艺复杂的特点。

（三）四川发展现状

目前，四川种薯制备仍依赖人工切块，每亩耗时 3～5h。收获环节主要依靠人工挖掘，劳动强度大、效率低。核心技术装备短板突出，丘陵山区适用的小型化装备研发滞后。近年来，四川开展农机薄弱环节关键技术研究攻关，马铃薯种植机械化技术研究取得了阶段性成果，西华大学研制了 2CM-2B 马铃薯精量种植机及马铃薯起垄覆膜机，四川农业大学研制了 2CM 勺链式马铃薯播种机。

三、技术研究

（一）技术路径探索

充分应用马铃薯生产模式规范，坚持农机农艺融合，开展急需急用马铃薯生产装备研发制造推广应用一体化试点，完善马铃薯农机社会化服务体系，各方资源协同推进丘陵山区马铃薯机械化生产。

在马铃薯生产农机农艺融合方面，需要从马铃薯种薯的选择与制备着手，确保种薯、肥料、农药的按照相关标准执行，同时，作业地块的形状、大小及土壤条件等应满足宜机化作业的相关要求；同样地，马铃薯生产装备研发和作业质量也须符合相关标准要求。

在急需急用马铃薯生产装备研发方面，需要摸清现有生产装备结构底数，找到四川马铃薯农机装备短板，如马铃薯播种和收获机具，针对四川马铃薯机械化生产多样性需求，开展模块化、结构工艺、材料应用方面攻关，同时，在机具适应性和可靠性方面开展技术和装备创新。

在先进适用马铃薯农机装备推广应用方面，将分区域开展技术装备示范推广，与各区域地块宜机化具体情况和马铃薯生产方式有机结合，进行机具组合与集成，提出适用于四川丘陵山区马铃薯机械化生产的农机装备配置。

在马铃薯生产农机社会化服务体系方面，依托各地农机合作社、马铃薯生产农业公司等，结合服务内容和面积等条件，配齐配够马铃薯生产设备，建立马铃薯种薯、肥料、农药和生产设备相适应的机械化生产应用场景，通过示范推广，开展马铃薯机械化生产各个环节以及全程机械化等综合性农机化生产服务。

（二）关键技术研究

1. 适用于马铃薯机械化生产的种植模式研究

分区域调研探索四川各地马铃薯种植模式（如春、秋、冬马铃薯生产方式）、种植规模和种植经济效益，主推大垄双行模式（垄距 100～120cm）和单垄单行模式（垄距 80～90cm）两种模式，进行规范化和标准化研究，形成与马铃薯机械化生产相适应的种薯、肥料、农药、农膜等生产投入品的统一要求和流程。

2. 马铃薯生产全程机械化技术

一是农机农艺融合，开展马铃薯切种、高密度精量播种、高效低损收获等关键技术攻关，创新智能化马铃薯切种机、轻简型马铃薯精量播种机、黏重土壤轻简型马铃薯收获机（特别是马铃薯联合收获）等关键装备，补齐马铃薯机械化生产短板。

二是引进现有马铃薯生产装备，开展装备改进与集成技术创新。针对黏重土壤、坡地等农艺条件，在现有技术基础上，进行马铃薯覆膜机、马铃薯追肥培土除草一体机、高效低损分段式马铃薯挖掘机、马铃薯捡拾除杂一体机、马铃薯分级机等改进、优化和集成创新。

三是智能、绿色型马铃薯生产技术创新，实现包括智能种薯芽眼识别、智能导航、自主作业、电动驱动与电动排种、智慧水肥药一体化管理、智能化病虫害监测与防控等。

3. 马铃薯机械化生产应用推广技术与模式

推进多样化的马铃薯机械化生产模式，如土地流转、土地托管、作业服务等，建立绩效评估指标和模型，对各类农机化生产与服务模式进行综合试验与评估，开展人、机、地、资源等优化匹配与调度技术研究，提高马铃薯机械化生产的综合效益。

（三）研究成果

制（修）订四川丘陵山区马铃薯生产模式规范或标准，对马铃薯机械生产中种薯、肥料、农药、地膜等农业投入品，以及马铃薯种植的立地条件、马铃薯生产装备（特别是智能装备和低空飞行装备）的作业质量等提出相应要求和试验方法。

创制丘陵山区适用的马铃薯生产设备，补齐马铃薯机械化生产短板，包括：集成创新分段式马铃薯播种、收获技术与装备，轻简型、自走式作业装备，马铃薯智慧型田间管理系统，马铃薯生产智能装备及低空农业装备等。

开发人—机—地—资源优化匹配与调度系统，形成典型的马铃薯机械化生产模式，打造丘陵山区智慧管理型马铃薯全程机械化应用场景和示范工程，并大面积推广应用。

（四）应用场景构建

应用场景构建应依托于马铃薯主产区的农机专业合作社、马铃薯种植农业公司或家庭农场等，建立马铃薯机械化生产＋综合农事服务相结合的马铃薯生产示范和应用推广，起到技术装备示范应用和宣传作用。应用场景应体现种植模式、生产装备和机械化生产应用推广的综合应用。此外，应用场景打造要突出特色，可以在模式创新、装备应用、生产与服务等方面突出体现。应用场景构建可以分为以下几种类型。

1. 马铃薯生产种植模式应用场景

从目前四川马铃薯生产实际情况来看，可以构建大垄双行模式（垄距100～120cm）和单垄单行模式（垄距80～90cm）两种模式，可以在不同的区域、立地条件、马铃薯播种季节等方面开展对某一种模式的对比，也可以进行两种模式之间的对比，需要建立科学评价的指标体系，进行不同条件下马铃薯种植的综合效益考察和比较，获得不同种植模式生产应用的条件和方法。

2. 马铃薯机械化生产装备应用场景

不同马铃薯种植模式、立地条件决定了采用不同的马铃薯机械化生产装备。在宽阔河谷平原地带，可以采用中型配置的装备，其中播种可以包含施肥、播种、起垄、覆膜等一体化功能，收获机可以应用带收集、分级功能的收获技术；在丘陵小地块条件下，坡度在6°以内的区域，可以采用分段式播种、收获技术；在黏重、易板结地块条件下宜应用旋耕起垄、振动挖掘、碎土分离，在沙地条件下，可以直接采用起垄圆盘（或犁铲）、固定式挖掘铲等方式实现播种起垄和收获，降低动力消耗。这些情况无疑对四川马铃薯机械化生产装备的配置与开发提出了更严苛的技术挑战。

3. 马铃薯机械化生产应用推广应用场景

首先，在应用体系层面启动示范项目，推动农技与农机推广机构、高校及科研院所、新型经营主体等多方力量，共同构建多元化的推广应用模式，并在技术培训、资源高效调度等领域实现协同合作、优势互补、相互支持的马铃薯机械化生产应用推广示范。其次在技术装备应用服务示范方面，支持新型经营主体开展土地流转、代耕代种、托管服务、作业服务等多种方式的应用示范。最后在技术支持、宣传示范方面，鼓励流通服务企业和制造企业建立健全马铃薯生产装备的维护与维修保障体系，同时，借助各级新闻媒介的力量，及时报道并广泛传播技术装备的应用示范成效。

四、下一步发展趋势及对策建议

四川丘陵山区马铃薯种植区域广泛，地形涵盖平原、丘陵和山区，且种植季节横跨春、秋、冬三季，实现了周年生产。多样化的种植环境造就了马铃薯在地理条件、土壤类型、种薯选择以及种植模式上的丰富多样，同时，对马铃薯机械化生产技术装备在适应性、可靠性方面提出了更高要求。在技术发展上，总体趋势是加强创新，充分利用模块化、智能化、信息化技术，提高机具配置的柔性、灵活性，适应不同应用场景的需求。

（一）加力推进马铃薯机械化生产标准化工作

一是根据现有马铃薯机械化相关的行业和国家标准，结合四川马铃薯生产实际需求，制（修）订马铃薯种植机、马铃薯收获机、马铃薯杀秧机和马铃薯全程机械化生产等方面的标准，同时，制（修）订马铃薯生产投入品、宜机化作业条件、智能控制作业质量等方面的标准。二是宣传实施马铃薯机械化生产标准，在四川协同推广应用、农机研发制造推广应用一体化、农机化薄弱环节关键技术攻关等项目中支持马铃薯机械化生产标准的培训、示范应用等标准宣贯工作。三是培养马铃薯机械化生产标准技术人才，重点支持在马铃薯农技、农机、专业合作社、推广、鉴定等相关领域的标准化人才。四是制（修）订农机创新产品相关标准。制（修）订部分缺乏统一的质量技术规范等相关标准的智能型农机创新产品设计、制造、操作标准，提高创新产品质量或作业质量的要求和管理。

（二）支持马铃薯机械化补短板科技创新

一是开展技术路线研究。组织优势科研力量，深入开展丘陵山区马铃薯机械化生产技术路线研究。综合考虑地形地貌、土壤条件、种植模式等因素，提出一套科学合理、切实可行的适用于四川马铃薯生产的机械化技术解决方案，为产业发展明确技术方向。二是集智展开技术攻关。厘清四川现有马铃薯生产装备结构构成，谋划出马铃薯机械化发展规划布局图，形成丘陵山区马铃薯农机装备研发短板库，广泛吸引高校、科研机构、企业等各方力量参与，构建马铃薯农机装备研发攻关创新体系，针对马铃薯机械化短板弱项组建攻关团队，集中力量分区、分步开展马铃薯农机装备研发突破。三是促进农机农艺协同创新。秉持"改机适艺"与"改艺适机"相结合的理念，开展马铃薯机械化装备研发和马铃薯生产种植农艺协同创新，建立农机农艺融合的协同支撑创新体系。四是汇聚创新资源，优先利用现有可用装备资源，实现产学研推用的深度融合，通过借智借力，构建马铃薯农机装备研发攻关的创新体系，针对马铃薯机械化短板弱项组建攻关团队，进行急需急用马铃薯农机装备研发的集中突破。

（三）推进马铃薯农机创新产品熟化定型

着力推进农机创新产品的熟化定型工作，确保马铃薯农机创新产品经过熟化定型后，能够顺利走向市场并推广应用。一是加大成果转化力度。以制造企业牵头，鼓励科研单位与企业合作交流，促进技术转移和知识产权保护；加大对马铃薯机械化技术成果转化的支持，促进企业进行马铃薯农机创新产品关键生产设备和生产线建设，合理设置转化应用条件，推动和吸引中小微农机企业参与成果转化。二是加大试验示范和推广宣传。通过协同推广等支撑方式创造条件让马铃薯农机创新产品样机在农业生产中现场展示和作业，推动产学研用结合，设立技术装备示范基地，开展技术装备现场演示、培训、宣传，邀请农机专家、农业农村部门领导、农机经销商和农民代表参加，展示新机具性能，考察用户满意度，提高创新产品的知名度和认可度。三是建立马铃薯农机创新产品中试熟化平台。聚集科研及制造企业研发制造力量，建立马铃薯农机创新产品中试熟化平台，利用平台优势，吸纳更多农机头部企业入驻，并着力培育农机中小微企业，全面打通从研发、制造到推广应用的一体化推进工作通道，为农机创新产品的中试熟化提供包括资金、技术、试验鉴定及推广应用在内的全方位服务支持。四是加强马铃薯农机创新产品鉴定。完善农机创新产品试验鉴定相关标准或大纲，优化试验鉴定流程，推行简洁、有效的试验鉴定流程和服务。五是加大马铃薯农机创新产品购置和应用补贴。对马铃薯农机创新产品在购置补贴政策上给予适当倾斜，提高补贴额度、扩大补贴范围；通过政策引导，降低农户购买创新产品的成本，为新产品的应用推广创造有利条件，激发市场对创新产品的需求。

（四）加快建设马铃薯生产装备社会化服务支撑体系

一是强化马铃薯生产装备社会化服务引导和支持。制定马铃薯生产装备社会化服务的行动方案，明确发展目标、重点任务和保障措施，确保服务体系的有序发展。鼓励和支持马铃薯生产装备社会化服务的发展，提供财政补贴、税收减免等优惠政策，以降低服务成本，提高服务效率。二是加强马铃薯机械化生产服务主体培育。鼓励和支持农机专业合作社、家庭农场、农业公司等主体参与马铃薯生产装备社会化服务，形成多元化的马铃薯机械化生产服务供给格局。通过培训、引进人才等方式，提高服务组织的技术水平和管理能力，确保服务质量和效率。开展多样化马铃薯机械化生产服务模式，建立投入成本低、综合效益高的可持续发展服务体制。三是完善服务网络。构建覆盖马铃薯生产全过程的装备社会化服务网络，开展耕整地、播种、田间管理、收获、储藏等环节服务和农资供应。优化资源配置，实现马铃薯生产装备资源共享和高效利用，降低服务成本。四是强化监管与评估。建立健全马铃薯生产装备社会化服务的监管机制，加强对服务质量的监督和评估，确保服务规范、有效。定期对马铃薯生产装备社会化服务体系进行评估，总结经验教训，精准识别存在的问题与不足，及时调整和优化服务策略，持续提升服务体系的适应性和实效性，为马铃薯产业的高质量发展提供坚实有力的服务保障。

专题报告二
特色作物机械技术与装备

丘陵山区根茎类中药材机械化收获

蒋辉霞　姚金霞　随顺涛　万术娟　谭　杰　高　新　蒋金巧

我国是全球最大的中药材生产国和消费国，中药材种植面积已突破 6 800 万亩，其中根茎类药材占比达 34.2%。农业农村部印发的《"十四五"全国农业机械化发展规划》明确提出"因地制宜推进中药材、热带作物等区域特色特产作物生产机械化，着力突破机收环节瓶颈"；2023 年中央一号文件《中共中央 国务院关于做好 2023 年全面推进乡村振兴重点工作的意见》将丘陵山区农机装备研发列为优先补助方向，中央财政专项安排 15 亿元支持特色作物机械创新。

在此背景下，开展丘陵山区根茎类中药材机械化收获关键技术攻关，研究聚焦"减阻挖掘—智能筛分—地形适应"三大核心问题，通过多学科交叉创新，构建有效技术体系，对保障中药材质量安全、提升产业竞争力具有重大战略意义。

一、研发目的及意义

（一）节省用工成本，提高生产效率，增加药农效益

目前，四川中药材收获仍以传统的人工收获方式为主，伴随中药材市场需求越来越大，种植产业劳动力短缺的问题日益严重。农村务农劳动力中年龄超过 50 岁的占比较高，年轻劳动力几乎全部流向城市，劳动力断层非常严重，中药材种植面临着"谁来种地"的现实困境。同时，中药材收获季节性强，收获季"抢人大战"时有发生，人工费用水涨船高。机械化收获能够有效缓解劳动紧缺的问题，提高生产效率，节省用工成本，增加药农效益。

（二）提升农业机械化水平，推动产业可持续发展

农业机械化作为衡量现代农业发展的一项重要指标，是发展现代农业必不可少的一部分。农业机械化水平的提升对于当前中药材产业发展具有显著意义。根茎类中药材机械化收获技术及装备的研究应用，可显著提高中药材收获环节的机械化水平，助力产业稳定发展，推动产业可持续发展。

二、国内外研究现状及问题

（一）国外研究现状

1. 根茎类作物机械化收获方面

国外中药材种植少，针对中药材机械化收获的研究较少，国外的相关研究主要针对根茎类作物（如马铃薯、洋葱、胡萝卜等）的机械化收获。以德国、美国、日本、比利时等为代表的发达国家对根茎类作物机械化收获研究起步早、投入大、成果较多，不断把新技术应用到根茎类作物收获机械的开发中。德国格立莫（GRIMME）公司的根茎类作物联合收获技术处于全球领先水平。GT170马铃薯挖掘机通过液压仿形轮可实现挖掘深度随地面仿形，SE150收获机集成牵引式带料斗，可完成大面积的机械化收获（图1）；T-100型牵引式洋葱收获机工作可靠、效率高（图2）。美国W.S.Kang和M.I.Dawelbeit成功研制了振动式低阻马铃薯和花生挖掘机。日本久保田公司生产的CH-201C型胡萝卜联合收获机，最深挖掘深度可

图1 德国格立莫马铃薯收获机

图2 德国格立莫洋葱收获机

达 300mm。比利时迪沃夫（Dewulf）公司生产的全新一代 ZKIV 自走式胡萝卜收获机，深受市场欢迎（图 3）。

2. 根茎类中药材收获方面

日本、韩国主要针对牛蒡、山药、高丽参等根茎类中药材的收获机进行研究。日本研发了几款深根茎中药材收获机，其中，日本苫米地技研工业株式会社发明了一款 TG 系列牛蒡收获机（图 4），日本小松制作所株式会社研制了一款 YCD-60PM 型锯齿式山药收获机。韩国成功研发了高丽参收获机（图 5）。

图 3　比利时迪沃夫胡萝卜收获机

图 4　日本牛蒡收获机

图 5　韩国高丽参收获机

（二）国内研究现状

目前，国内中药材收获以人工为主，机械化收获为辅。市场上根茎类中药材收获机以适应北方沙壤土为主，多为中小机型，可实现一些地区对党参、黄芪、黄芩、丹参、桔梗、天花粉、白芷、辣根、板蓝根等的挖掘收获，在四川试用存在适应性差、功率损耗大、挖掘深度不够、收获效果有待提升等问题。适宜丘陵山区根茎类中药材收获的收获机十分缺乏。

1. 国内研究机构

国内开展中药材研发的科研机构以中国农业大学、甘肃农业大学、西华大学、昆明理工大学、四川省农业机械科学研究院等为代表。图 6 为中国农业大学研制的甘草收获机，图 7 为甘肃农业大学研制的党参、黄芪长根茎类轻量化自走式收获机，图 8 为昆明理工大学研制的三七轻简型收获机，图 9 为西华大学研制的川芎挖掘机，图 10 为四川省农业机械科学研究院研制的麦冬收获机。

图 6　中国农业大学甘草收获机

图 7　甘肃农业大学党参、黄芪收获机

图 8　昆明理工大学三七轻简型收获机

图 9　西华大学川芎挖掘机

2. 国内生产企业

国内中药材收获机生产企业主要集中在河南、河北、山东和甘肃等地，机型主要针对北方作业条件研制，难以满足四川丘陵地区根茎类中药材收获复杂的地形条件、黏重的土壤情况，使用稳定性不足、安全性和灵活性差、使用率不高，四川根茎类中药材收获缺乏强有力的科技支撑。图 11 为河南新乡地隆药业机械有限公司生产的深根茎类中药材收获机，图 12 为河北安国药业集团有限公司的根茎类中药材收获机，图 13 为山东德州鸿友农业机械有限公司生产的中药材收获机，图 14 为甘肃定西三牛农机制造有限公司的甘草收获机。

图 10　四川省农业机械科学研究院麦冬收获机

图 11　河南地隆深根茎类中药材收获机

图 12　河北安国根茎类中药材收获机

图 13　山东鸿友中药材收获机

图 14　甘肃三牛甘草收获机

3. 四川机械需求旺盛，农机短板凸显

四川有中药资源 9 000 余种、大宗药材 312 种，数量均居全国第一，中药材面积 253.5 万亩。根茎类中药材主要有川芎、丹参、白芷、天冬、麦冬、川贝母、川明参等。根据生长深度可分为长根茎类（>40cm）、中根茎类（20～40cm）和短根茎类（<20cm），不同根茎类中药材因其品种、生长环境等因素的影响，具有不同的形状长度、生长深度。

由于四川独特的地形地貌、气候条件，加上根茎类中药材特有的生长环境等，以及国外根茎类挖掘收获机以大型机具为主，使国外挖掘收获机无法直接应用于国内的生产，无法直接应用于丘陵地区黏重土壤下根茎类中药材的收获。目前，中药材田间生产仍然过度依赖人工，单位生产成本中人工成本占 70%～80%，中药材种植面临着缺人作业的严峻形势。

四川中药材生产机械化的发展起步较晚，技术水平落后，总体上面临着"无机可用"的局面，亟须开展四川丘区黏重土壤下根茎类中药材收获技术及装备的研究，以适应根茎类中药材产业高质量发展的迫切需要。

三、技术研究

（一）技术路径探究

丘陵山区根茎类中药材机械化收获关键技术研究与装备研发的技术路线图见图15。

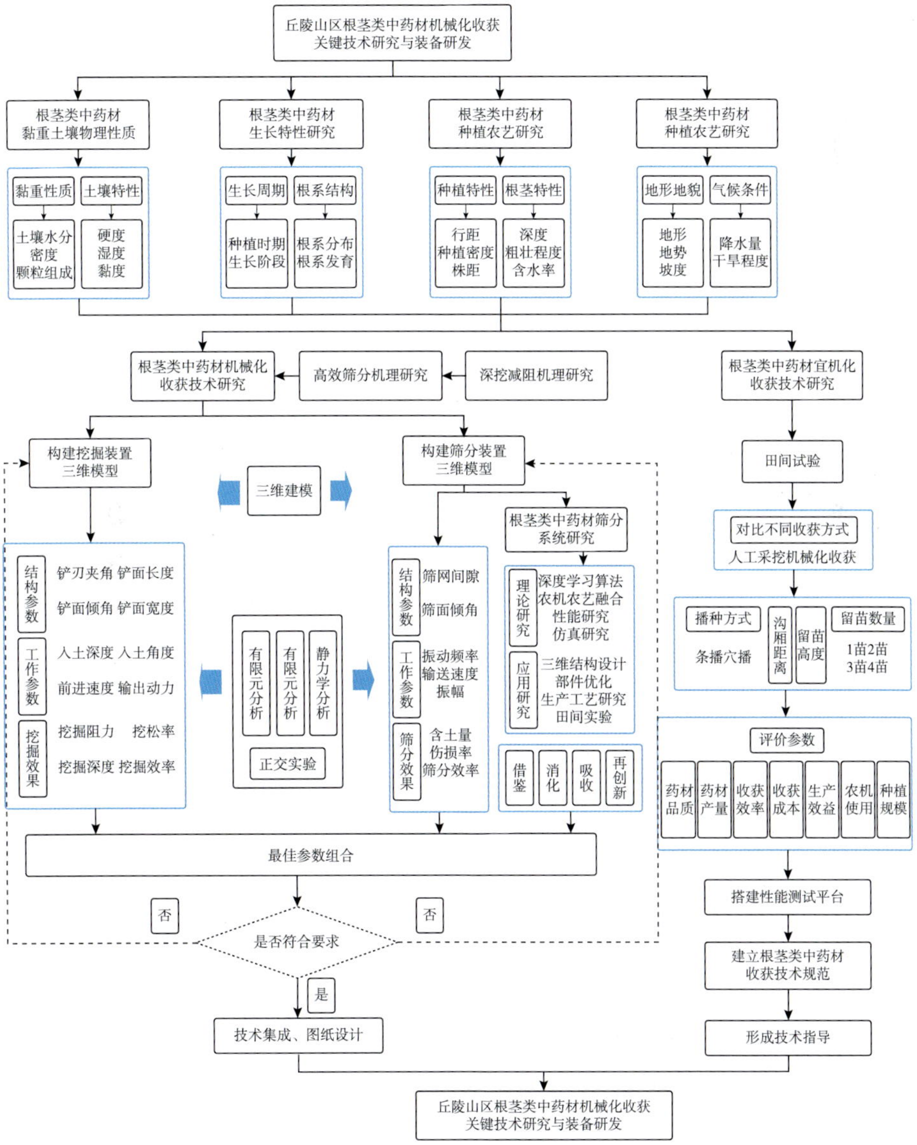

图15 技术路线图

（二）关键技术研究

由于根茎类中药材生长的特殊性和收获作业受土壤、时节等自然因素影响较大，根茎类中药材收获机械存在的问题很多。一是根茎类中药材挖掘和筛分机械本身存在设计和制造方面的缺陷，表现在根茎类中药材挖掘和筛分的效果达不到中药材相关商品规格标准的要求、药材损伤率高、挖掘阻力大、部件磨损严重等。二是不能充分发挥轮式拖拉机发动机的功率，能耗高。因此，我国的根茎类中药材挖掘和筛分系统的机理研究，仍有很大的发展、完善空间。

1. 黏重土壤特性分析

四川地区的黏重土壤，通常是指土壤中黏土成分含量较高、颗粒细小且塑性强的土壤类型，黏重土壤的孔隙度较低，排水性差，保水能力强。黏重土壤的黏土含量通常较高，可能超过 30%，其土壤密度和湿密度也较高。对四川丘陵山区的黏重土壤进行详细的物理、化学和力学特性分析，包括土壤的湿度、黏度、黏粒含量等。黏重土质会使土壤密度增大，土壤成为黏土，增加根茎类中药材挖掘和筛分的难度，黏重土壤的挖掘阻力受含水量影响明显，湿度较大时阻力较低，干燥时则阻力较高，需要模拟实际条件下的挖掘和筛分过程，确定阻力来源。

2. 减阻挖掘技术研究

分析减阻的机理和具有优良挖掘功能的动物爪趾几何及生物力学特性，开展仿生减阻研究，对有关生物系统的结构、功能、过程或行为特征及其机理进行研究，获取面向仿生应用的生物信息，然后基于生物结构、功能、过程或行为机理解决科学技术问题，研发具有类似于生物系统减阻功能的技术或装置。建立深层挖掘铲—土壤接触系统有限元模型，开展减阻材料和技术的实验研究，如采用不同的土壤改良剂、机械辅助设备等，设计并测试改进的深挖机械，如改进的挖掘铲斗、刮板和挖掘工具等，以降低挖掘过程中的阻力。

3. 筛分技术研究

根茎类中药材筛分技术的研究与开发旨在提高中药材的评选效率，保证药材的质量和一致性，从而满足现代中药产业的需求，利用振动筛设备，通过调整振动频率和幅度，优化分级性能及筛分效率，结合计算机视觉和深度学习方法，自动识别中药材的外观特征，进行分类和筛选，通过传感器实时监测药材的筛分过程，优化操作参数，提升工作效率。

开发精准的筛分装置,以实现对不同深度的根茎类中药材的分级,提高筛分效果,研究多级动态筛分装置,提高效率,研究适用于黏重土壤的筛分设备原理,开发高效筛分装置,优化筛分过程中的参数设置,如网孔径、振动频率、筛分速度等,以提高筛分效果,建立中药筛分的质量控制标准,确保筛分产品的质量和一致性,筛分效果达到相关规范和标准。

(三)成果

针对四川丘陵山区土壤板结、现有收获机具的挖掘效果不佳等问题,近年来研究团队深耕根茎类中药材收获领域,开展了丹参、天冬、白芷等多种根茎类中药材的机械化收获技术与装备研制,申请专利14件,发表论文12篇,研制丹参收获机、天冬收获机等样机4种。

第1代丹参收获机:针对丹参"挖掘铲"易堵塞土块、土壤黏性高、碎土效果差的问题,调整筛网间距,设计破土齿等关键零部件,优化挖掘、筛分部件(图16)。

图 16 第 1 代丹参收获机

第2代丹参收获机:开展挖掘结构、形状及入土角度效果影响因素分析,开展局部加厚加固设计;优化传动轴齿轮传动比;调整传动速度;添加防卡草防护装置,使挖掘深度更深、明茎率高,从而提高丹参挖掘的可靠性(图17)。

图 17 第 2 代丹参收获机

第 3 代丹参收获机：改进铲筛、铲链、铲辊结构，优化丹参根土高效分离多级输送结构，将"挖掘铲"和"铲托"调整为统一倾斜角度，调整挖掘铲铲架加固连接位置，缩短"防石栅"长度，降低伤损率，挖掘效果更好（图 18）。

图 18　第 3 代丹参收获机

通过三代样机的研发与优化升级，最终实现与人工收获相比，收获效率提高 40 倍，收获成本降低 50% 以上，在德阳中江县、南充西充县等地推广应用 2 500 亩以上。

天冬收获机：针对天冬根茎发达、入土深度深、挖掘效果差、药材损伤高的问题，开展了天冬"机艺融合"模式研究，设计了挖掘铲、筛分结构等关键零部件，研制了天冬收获样机，对天冬的挖掘效果较好（图 19）。

图 19　天冬收获机

（四）应用场景构建

四川中药资源优势显著，中药资源蕴藏量、常用中药材品种数、道地药材品种数量全国第一，中药材产业发展态势良好。但目前四川中药材田间生产过度依赖人工，单位生产成本中人工成本占70%～80%。四川中药材生产机械化的发展起步较晚，技术水平落后，总体上面临着"无机可用"的局面。

中药材市场需求不断扩大，建议结合高标准农田建设项目实施方法，建立与高标准农田相配套的设施，为机械高效作业创造条件。同时加强相关领域研究人员之间的交流和沟通，实现农作物的规范化种植和农机的标准化生产，提高机械作业的可行性和方便性。研制出具有高效率、高质量、高水平、功能齐全的收获装备，通过在根茎类中药材重点产区建立示范基地，搭建根茎类中药材机械化收获集研发、生产、推广、应用于一体，农机农艺深度融合的机械化收获应用场景，加快我国根茎类中药材机械化收获的进程。

四、对策建议

（一）农机农艺融合

不同根茎类中药材种植条件不同，如深根茎类中药材种植在条件允许的情况下，宜采用起垄种植的模式，所以根茎类中药材的栽培规范和种子繁育应充分考虑机械化收获的问题，根茎分叉特点、生长方向、根茎深度一致性、行距及种植密度等都直接影响实现机械化的难易程度。在以提高经济效益为目标的基础上，寻找产量高低、品质优劣、机械化难易的平衡点；在充分考虑种植效益的基础上，规范种植农艺，形成实用的种植规程及标准，推广宜实现机械化种植和收获的模式。

（二）分类施策，研发复合型采收机械

结合四川的地形特征及根茎类中药材机械化收获农艺的要求，需要区分不同根茎类中药材，以便应用相适应的收获装备来有效提高根茎类中药材的产量和收获效率。针对浅根茎类中药材泽泻、川芎等，中根类药材丹参、黄芩等，深根类药材白芷、瓜蒌等，通过通用结构改进及优化配置，分类研发相适应的复合型收获装备，

推动根茎类中药材收获机械装置的标准化，以此来降低成本，提高装备的利用率和实用性。

（三）全产业链协同发展

由于中药材产业比较特殊，应加强从种植、加工到制药的全产业链协同，大力发展互通模式和产业联盟。动员各方力量，探索建立多元化的投入机制。重点通过顶层设计，平衡产业发展政策，促进科研力量的加大投入，推动科研院所及基层田间专业技术人员的培养，为中药材产业的可持续发展和机械化高质量提升搭建有力平台，推动高水平的先进根茎类中药材机械化收获技术成果的产出及落地转化。

四川名优茶智能采摘技术发展研究

邱云桥　蒋辉霞　易文裕　张冬川　任丹华　徐涵秋
许丽佳　卢劲竹　林世全　褚红春　陈　进　但玉玲
吴瑕玉　王　攀　赵　镭　熊　华

2021年3月，习近平总书记在福建武夷山考察时强调"要统筹做好茶文化、茶产业、茶科技这篇大文章"。"三茶"融合发展理念明确了科技在茶产业升级中的关键作用，要求以茶科技的硬实力推动茶产业迈向新高度。四川作为茶产业大省，积极响应号召，近年来陆续出台《关于加快川茶产业转型升级建设茶业强省的意见》《关于推动精制川茶产业高质量发展促进富民增收的意见》等文件，突出茶科技的支撑作用，对茶业机械化、智能化也提出了新的更高要求。在传统农业向现代农业转型的大背景下，实现名优茶智能采摘是茶产业运用新质生产力应对采茶人工短缺问题、增强国内外市场竞争力的重要突破口。

一、四川名优茶种植及采收现状

四川名优茶是采用单芽或一芽一叶初展到一芽二叶为原料加工而来的产品，其造型独特，在冲泡过程中极具观赏性。这就使得名优茶原料采摘期较为集中，且对鲜叶外形完整度要求极高。四川名优茶典型代表有：竹叶青，外形扁平光滑、挺直秀丽、匀整、匀净；蒙顶甘露，形状纤细，紧卷多毫，叶嫩芽壮，芽叶纯整；川红工夫红茶，条索紧细圆直，毫锋披露。为达到制茶标准，所采摘芽叶必须形状完整、匀净，茶鲜叶采摘要求之苛刻可见一斑。目前，四川名优茶采摘仍以手工为主。

（一）四川名优茶产业基本概况

四川茶叶生产规模、茶产业综合实力居全国前列。全省产茶县约130个，其中，14个县列入"全国茶产业经济综合实力百强县"；已建成国家级茶产业园区1个，国家级茶产业强镇8个，形成以国家茶产业集群为核心区，川西南名优绿茶产业带、川东北优质富硒茶产业带和茉莉花茶集中发展区、川红工夫红茶集中发展区"两带两区"的发展格局，全省涉茶就业人数超500万人。

四川茶园主要分布在盆周山区和盆地丘陵区，因整体形状类似字母"C"，被誉为"C"形黄金项链。2023年业务调度数据显示，四川茶园面积稳定在590万亩，位居全国第三；毛茶产量42.4万t，毛茶产值403亿元，茶综合产值1 200亿元，名优茶在其中经济价值贡献最大。2023年，四川名优茶种植面积、规模、品质、效益均位居全国一流水平，具有重要经济地位，产量25.8万t，占茶叶总产量的60.5%，产值达354.9亿元，占茶叶总产值的88.1%。2023年，四川建成标准化机采基地约276.37万亩，约占茶园总面积的46.8%。茶叶采收机械化率为46.8%，成效显著。

（二）名优茶智能采摘是四川茶产业高质量发展的必然选择

智能化采摘是未来四川名优茶采摘高质量发展的必由之路。一是由于特殊的采摘时间亟须智能采摘促进茶产业提质增效。因四川特殊的地理区位条件，茶叶采摘周期长达4个月，形成了既能"起早"又能"赶晚"的优势生产格局。名优茶鲜叶采摘时间集中，在春茶生产洪峰来临时，如不能及时采摘，则嫩芽变枝条，经济效益将大打折扣。二是为有效解决"无人采茶"难题，智能采摘势在必行。四川茶园多分布在盆周山区和丘陵地区，茶园种植以家庭小农户生产为主，种植规模小而分散，采茶环节的人工占整个茶园管理用工的60%以上，采茶劳动强度大、成本高，采摘日薪已达每天200元左右。随着农村"老龄化""空心化"现象日益严重，"无人采茶"问题愈发突出，智能采摘成为解决这一难题的迫切举措。三是现有机械采摘不能完全满足现实需求，亟待智能升级。四川茶类品种多样，但茶树品种更新滞后，种植密度大、种植不规范、行距窄、作业道不完善等导致装备通行转弯能力、稳定性和越障能力受到影响，客观上增加了采摘难度，现有人工手持式采摘机和自

走式采茶机"一刀切"的机械化采摘方式,容易造成芽叶损伤多、不整齐、净度差,无法满足名优茶制作标准。

综合而言,研发推广名优茶智能采摘装备将成为助力四川茶产业高质量发展的有效手段,名优茶智能采摘装备能抓住采摘时期,规避人工短缺难题,升级采摘技术水平,提高四川名优茶的产量和质量,为四川提前实现 2 000 亿元茶叶综合产值目标提供有力支撑。

二、名优茶智能采摘技术的研究现状

目前,名优茶仅在我国生产,其智能采茶装备只能依靠国内自主研发,无法从国外引进。名优茶智能采摘技术融合了多学科技术,其中,视觉系统识别定位茶叶嫩梢是实现选择性采摘的前提,移动速度快、定位精度高的机械臂是保证采摘效果的关键,适用于名优茶采摘的柔性末端执行器是保证茶叶品质的核心。总体而言,目前省内外在名优茶智能采摘研发方面技术路径相似且均面临一些共性难点。

(一)名优茶智能采摘研发技术路径

攻克名优茶智能采摘的技术路线通常是利用图像处理技术确定芽叶位置信息,再通过机械手、末端执行器等设备完成采摘作业。相关研究工作主要集中在茶叶嫩芽信息感知、采摘路径规划、采摘机械臂及末端执行器 3 个方面。

1. 茶叶嫩芽信息感知

茶叶嫩芽信息感知技术主要包括基于图像处理的茶叶嫩芽准确识别和定位技术。茶叶嫩芽识别算法主要基于传统图像处理技术、机器学习、深度学习 3 种技术实现嫩芽的识别。其中,基于深度学习的图像识别算法在复杂自然环境下表现出色,当样本量充足时,其不仅能准确识别茶叶嫩梢,还能精确区分出名优茶的类型(如单芽、一芽一叶等),具有较强的鲁棒性,虽然前期样本训练耗时较长,但检测速度快、效果好。茶叶嫩芽定位是在视觉系统识别茶叶嫩芽的基础上完成的,常用方法有质心法、寻找最小外接矩阵中心点、双目相机测距、形态学的边缘检测和骨架化算法、全卷积网络(FCN)识别等。其中,全卷积网络(FCN)识别采摘点的准确率较高，效果较为理想。

2. 采摘路径规划

在采摘路径规划方面，一些新型智能优化方法可以更好地处理路径规划问题，并成为当前最优化方法研究的热门方向，得到越来越多学者的关注与研究。目前，应用较为广泛的路径规划算法有蚁群算法、遗传算法、模拟退火算法等解决TSP的元启发式算法，以及快速随机搜索树算法、灰狼优化算法等。

3. 采摘机械臂及末端执行器

采摘机械臂。为保证采茶精准度和效率，采茶机器人的机械臂设计常借鉴工业机器人结构。应用于茶叶采摘的工业机械臂主要分为串联机器人、并联机器人和直角机器人3种类型。

末端执行器。由于茶叶嫩芽较为娇弱、外形多变且生长环境复杂，末端执行器的设计对茶叶采摘机器人的整体效率、准确率以及采摘的茶叶嫩芽品质有着直接影响。目前，人工采茶手法主要有掐采和提手采两种方式，掐采是用拇指和食指将嫩芽掐断；提手采是用拇指和食指捏住嫩芽的同时旋转手腕将嫩芽拉断。学者们大多数都依照这两种采摘手法设计适用于名优茶采摘的末端执行器。

（二）名优茶智能采摘技术发展共性难点

尽管国内各地在名优茶智能采摘技术研究上取得了不同程度的进展，如浙江理工大学研发的茶叶采摘机器人已多次迭代，走出实验室，在部分条件下基本实现预期目标，但名优茶智能采摘装备仍未定型成熟，尚未有产品进入市场。AI算法与物理机理的融合是人工智能技术应用过程中的共性难点，当前名优茶智能采摘技术也深受其扰。另外，在名优茶智能采摘产品化方面还存在研发制造成本高的问题。

1. 茶叶生物特性复杂

茶树生长密度大、枝叶丛生交错、位姿随机、相互遮挡，且叶、茎色系相近，导致图像特征判别和分割、精准定位与识别等机器的信息感知（即机器"眼"看"脑"算）难度大，并对采摘路径设计、自主导航规划和躲避障碍作业等（即机器"手"如何到达目标）提出极大挑战。

2. 对末端执行器的灵巧性、柔软性和精密度有极高的要求

名优茶外形完美与否，直接影响其经济价值，名优茶市场对茶叶芽叶数量、完整度、有无损伤等指标要求严格。然而，在采摘过程中，机器部件与茶叶存在直接

或间接的互作过程，极易造成损伤。因此，茶叶采摘要求装备在"采—收—运"全程无损操作，这对末端执行器的性能提出了极高要求。

3. 采摘技艺与现代机器人技术相结合的研究目前是空白

对于如何将茶农积累的采摘经验（例如对茶叶最佳采摘时令的判断、对茶树生长习性的理解等）转化为机器语言和机械动作，目前鲜见研究。此外，随着茶叶品种日益丰富，智能采摘机器人的算法适应性和学习模型还需具备学习新品种特性的能力，以更好地满足实际采摘需求。

4. 名优茶智能采摘技术成熟度有待进一步提高

尽管省内外研发机构在名优茶智能采摘技术方面积累了相对丰富的理论知识，但在产品熟化方面仍面临诸多挑战。一方面，名优茶智能采摘装备还处于试验阶段，没有成熟的产品；另一方面，现有样机的采摘效率还不够高，一台机器仅能替代一个工人的采摘效率。因此，名优茶智能采摘装备在生产效率和熟化程度上还需要进一步提高。

5. 研发投入和制造成本高阻碍应用落地

名优茶智能采摘涉及的核心技术如信息感知、路径规划，以及采摘机械臂及末端执行器灵巧柔性作业、多机协同等均属于近年来备受瞩目的前沿科学技术。从前期研发到后期产业化应用落地均需要较高投入，同时，为保证投资回报率，名优茶智能采摘装备售价必将远高于传统农机装备，这使得其市场推广应用面临难度较大。

总而言之，嫩芽图像分割、嫩芽识别及采摘点定位是实现智能采摘的核心技术，目前尚未取得突破性重大成果；采摘机械臂及末端执行器的工作效率和质量仍不高，还需要进一步研发；同时，针对作业环境应从平原缓坡拓展到丘陵山区。名优茶智能采摘技术和装备仍需要加速熟化。

（三）省内外名优茶智能采摘技术研究进展

根据研究成果（论文、专利）调研（附件1）发现，开展名优茶智能采摘技术研究的主体主要集中在高校和科研院所，且现阶段成果多在实验室环境中获得，极少在茶园中进行测试。

1. 浙江

浙江理工大学是浙江乃至全国名优茶智能采摘技术研究的领军单位。其研发团队在浙江农业"双强"重点突破试点项目（1 500万元）、"领雁"研发攻关计划项目（220万元）等项目的支持下，构建了当地主要茶品（龙井）的嫩芽图像数据集，建立了茶叶嫩芽识别模型，研究了茶园环境中异形小目标定位技术和嫩梢空间定位技术，利用机械臂及末端采摘技术，实现了选择性切割茶叶。同时，该团队还开展了多类探索改进算法，以缩短求解时间、完成局部避障路径规划；研发了名优茶采摘专用机械臂，以提高采摘效率。截至2024年，该校研制的智能采茶机器人已迭代至第六代（图1），第五代智能采茶机器人约1.51s可采摘一个嫩梢，即1小时可采2 000多个、一天可采2kg左右芽叶，基本达到一台机器替代一个工人的采摘效率。而第六代比第五代机器人又提高了50%的工作效率。浙江理工大学研发进展详见附件2。

图1　浙江理工大学研制的茶叶采摘机器人（第六代）

2. 安徽

安徽农业大学构建了非结构茶园茶树芽叶的图像数据集，并运用不同的深度学习算法对嫩芽进行了识别与定位。在末端执行器方面，该校研发了一种嫩梢捏切组合式的仿人工采摘机械。其研发的采摘机器人（图2）作业一次采摘一排茶叶。样机试验的平均采摘时间为0.768s；将茶叶固定在试验台上时，该样机的采摘成功率为95%，而使用理条夹持装置时采摘成功率为83.6%。安徽农业大学研发进展详见附件3。

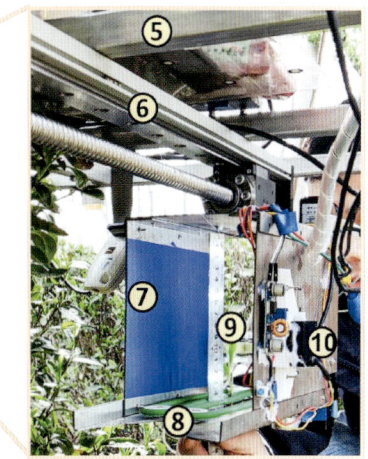

1—行走底盘；2—控制箱；3—电源；4—太阳能板；5—调平平台；6—前进丝杆；
7—背景板；8—理条夹持部件；9—采摘部件；10—相机。

图 2　安徽农业大学研制的茶叶嫩梢采摘样机

3. 四川

（1）四川省农业机械科学研究院

四川省农业机械科学研究院（以下简称省农机院）深入分析了国内智能采摘关键技术研究进展，指出目前研究存在分割算法鲁棒性差、识别定位精度低、机艺不融合等问题，提出通过改进算法、技术创新、宜机改良等方法提高采摘精度。同时，研究出一种便于机械化采收的投产茶园茶蓬培育方法；并开展了不同立地条件下夏秋茶智能采摘"机艺融合"、夏秋茶茶蓬空间信息提取与建模、嫩芽采摘智能仿形调姿等关键技术研究，研发出轻量化电动底盘、远程可视化遥控操作的自走式电动智能采茶机、茶园嫩叶采摘机（图3）等。省农机院研发进展详见附件4。

图 3　省农机院研制的茶叶嫩梢采摘样机

（2）西华大学

西华大学采用了深度学习算法开发名优茶茶芽识别和采摘点定位系统，并进行了实验室模拟试验。该校还研发了一款茶叶嫩梢采摘机（图4）用于采摘白茶鲜叶，在仿真茶树条件下，10次采摘试验中，茶叶嫩芽平均识别准确率为78.89%，平均采收率为72.22%，平均单个嫩芽采收时间为10.95s。西华大学研发进展详见附件5。

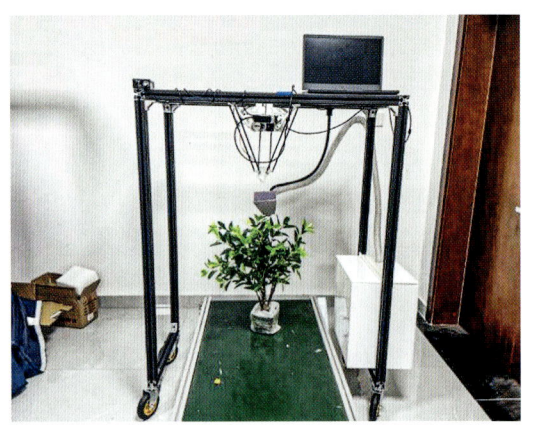

图4 西华大学研制的茶叶嫩梢采摘样机

（3）四川农业大学

四川农业大学对名优茶智能采摘机器人的机械结构、末端执行器及其控制系统进行了研究，设计了可夹提式采摘茶叶嫩梢的末端执行器，通过在茶园进行采摘试验，验证了该采摘末端执行器的结构设计及其参数的可行性，为茶叶嫩梢的选择性采摘提供了理论依据，也为后续茶叶嫩梢采摘机的研发奠定了技术基础。

此外，宜宾职业技术学院、四川轻化工大学等省内科研院所，也围绕茶叶嫩芽信息感知、采摘路径规划、采摘机械臂及末端执行器研制、机艺融合等方面开展了一些研究。

三、四川名优茶智能采摘技术的发展建议

（一）总体思路

坚持以"三茶统筹"为引领，深入贯彻习近平总书记在四川视察重要指示精神，全面落实四川省第十二届委员会第五、六次全体会议精神部署，围绕《关于进一步深化农村改革扎实推进乡村全面振兴的意见》《关于以发展新质生产力为重要着力点扎实推进高质量发展的决定》《关于推动精制川茶产业高质量发展 促进富民增收的意见》等政策要求，以"需求牵引、政府引导、企业主体、市场运作"为路径，同步推进茶叶智能采摘技术科技创新与科技成果转化，并协同农艺创新，建设

标准化、宜机化、智能化、绿色化、生态化茶园，实现高度无人化、自动化和智能化采收名优茶，切实解放劳动力，全力打造茶产业生态屏障和茶产业科技创新高地，提高川茶品质和市场竞争力，助力四川茶产业高质高效发展。

（二）总体目标

名优茶智能采摘装备研发需要系统谋划，任务分解落实，具体分为3个阶段稳步推进。一是一年内建设名优茶智能采摘研发科技创新体系，组建省内研发攻关联合体并引入省外关键环节技术优势团队。二是3年在茶叶嫩芽的信息感知、采摘路径规划、采摘机械臂及末端执行器研制等关键技术难点上集中发力取得重大突破，并基本完成"四川造"名优茶智能采摘机器人中试，标准化茶园建设面积大幅扩展，基本实现机艺融合。三是5年内力争样机实现从实验室走向市场，在某些应用场景完成智能采摘，采茶环节逐步"机器换人"。

（三）具体措施

1. 设立专项，加快技术突破

设立专项。在"天府良机"薄弱环节关键技术重大装备研发攻关项目中设立"名优川茶智能采摘关键技术与装备创制"一体化专项，围绕名优茶信息感知技术、路径规划、采摘机械臂及末端执行器、自主行走底盘等进行研发，设立3～4个子课题进行研究，项目实施周期3～5年。

组建研发攻关联合体。联合体由省农机院牵头，联合四川农业大学、西华大学等川内涉农高校和院所以及具备研发实力的企业，融合四川大学（材料科学、机械设计）、电子科技大学（光电信息科学、人工智能）等研究单位及其成果，开展跨学科攻关研究，提升科研创新能力。

构建四川名优茶智能采摘"小核心+大外围"创新体系。以组建的研发攻关联合体为基础，通过"揭榜挂帅"方式，广泛引进茶叶智能采摘关键环节技术优势团队，如浙江大学（机器视觉）、中国农业大学（非结构环境农业机器人机器视觉）、浙江理工大学（名优茶智能采摘机器人）、安徽农业大学（名优茶智能采摘机器人）、农业农村部南京农业机械化研究所（国家茶叶岗位体系茶叶机械岗位科学家）等省外优势高校和研究机构，以及底盘、智能农机、无人驾驶、机器视觉、机器人、机械臂等具有研发优势的企业，形成内外协同、优势互补的创新格局。

2. 激发企业创新主体动力，推动产业融合

推进产业链和创新链深度融合，打造产学研用孵化合作平台。鼓励四川省茶业集团股份有限公司、四川省峨眉山竹叶青茶业有限公司、四川省文君茶业有限公司等四川涉茶国家农业产业化重点龙头企业，以及省内有条件的农机装备制造企业积极投入研发，联合四川名优茶智能采摘技术研发攻关联合体、茶产业园区、茶产业强镇打造相关重点实验室、试验基地、人才培养中心等创新载体，搭建资源和设施共用、成果共享的创新协作科技成果转化平台。

3. 打造应用场景，促进协同发展

重点依据四川茶叶"两带两区"种植发展战略，以及"名优绿茶为主，工夫红茶、茉莉花茶和藏茶为辅"的优势特色产品发展格局，按照茶树品种适制性，如绿茶、红茶、白茶等，在全省 30 个茶叶优势县，依托茶叶农业龙头企业等茶叶新型经营主体建设名优茶智能采摘试验区、示范茶园，按不同茶品种各有侧重布局名优茶智能采摘应用场景，同步推进宜机良种培育、标准化茶园改造以及装备研发试验、迭代升级和应用示范。

（四）保障措施

1. 强化政策布局统筹与协同联动

制定发展计划，落实目标责任。在各项推进农机化、茶产业发展的政策制定上，将名优茶智能采摘技术研发纳入其中，长远部署、系统推进，持续支持攻关和突破名优茶智能采摘的关键核心技术；加强联合立项、关联环节信息，跨部门、跨区域、全链条跟踪服务专项推进，提高专项推进的时效性、专业性和系统性，做到协作机制程序化、信息资源共享化、优势互补常态化。

2. 加大项目支持

支持各地建设打造规范化、宜机化的国家级、省级茶产业园区和茶产业强镇，将园区、强镇基地纳入宜机化改造项目支持范围。在现有省级涉农科研专项、先进装备重大科技专项中增加名优茶智能采摘技术类项目，并加大资金支持力度；在人工智能重大科技专项中设立非结构环境名优茶智能采摘机器人关键技术研发专项；鼓励企业积极联合研发团队申报国家、省、市级科技计划项目，以项目经费引导、支持企业投入研究，充分调动企业的研究意愿；同时，支持名优茶智能采摘技术相关成果参与各类科技奖项评选，并给予定量推荐指标。

3. 加快企业培育和招引

加大对人工智能、智能农机等优质企业的培育力度，培养一批专精特新、高新技术、"小巨人"企业。同时，四川省经济合作局召开专题招商引资推介会，积极招引国内智能农机、AI人工智能、机器人等相关领域先进企业入驻四川，带动人工智能、智能农机产业创新资源集聚，扩大产业布局。

4. 加强要素支撑

出台支持政策，对研发、制造名优茶智能采摘装备的农机制造企业以及开展试验推广的茶叶企业贷款资金按照100%予以贴息。对愿意投入名优茶智能采摘的人工智能、机器人企业倾斜产业激励政策、创新试点政策，开辟"绿色通道"和"政务服务直通车"，提供"项目医生"服务；设立专项支持政策，支持企业开展技术升级改造、创新能力提升、产品攻关、新产品推广；对名优茶智能采摘装备纳入省重大技术装备首台套项目支持范围，对认定列入的产品按第一年度产品销售总额的5%予以销售奖励；在重大产业技术创新专项、自主创新成果产业化专项、重大技术装备攻关项目、省级工业发展项目研发平台建设上也给予倾斜支持。

5. 加速推广应用

组织相关单位提前布局名优茶智能采摘装备创新农机产品鉴定工作，在名优茶智能采摘技术研发阶段同步进行专项鉴定大纲制修订工作，以缩短产品上市周期。完善鉴定检测所需配套工具，满足企业和用户的鉴定检测认证需求。建立健全农业机器人产业标准体系，推动四川名优茶智能采摘装备地方标准制定，为名优茶智能采摘技术的推广应用创造标准化条件。对通过创新农机产品鉴定上市的名优茶智能采摘装备产品，优先纳入农机购置与应用补贴范围，按中央农机购置与应用补贴政策予以补贴，鼓励茶叶"两区两带"市、县级出台累加补贴政策；支持茶叶生产企业购置名优茶智能采摘装备，对购置名优茶智能采摘装备的茶叶生产企业出台所得税减免和增值税减免政策。

附件：1. 名优茶智能采摘技术省内外研究进展一览表
2. 浙江理工大学名优茶智能采摘研究状况
3. 安徽农业大学名优茶智能采摘研究状况
4. 四川省农业机械科学研究院名优茶智能采摘研究状况
5. 西华大学名优茶智能采摘研究状况
6. 宜宾职业技术学院名优茶智能采摘研究状况

附件 1　名优茶智能采摘技术省内外研究进展一览表

研究方向	研究单位	研究进展及阶段成果	存在的问题和不足
信息感知	浙江理工大学	非结构环境下茶叶嫩梢的快速检测技术，茶园环境中异形小目标定位技术和嫩梢空间定位技术；单个机械臂	所构建的数据集只针对特定品种单一时期的嫩梢检测模型，无法适应多品种、多时期嫩梢的精准检测需求，且未建立嫩梢位置相对改变时的位姿反馈机制，导致机器人的采摘精度较低。采摘速度和效率有限
	浙江工业大学	基于机器视觉的采茶机割刀控制方法，实现了有选择地切割茶叶	在茶叶图像预处理、嫩芽识别方面未充分考虑茶园环境，实际工作中存在较大的误识别区域。由于机械结构的影响，切割刀定位精度较低
	杭州电子科技大学	构建了龙井嫩芽图像数据集，进行了冠层尺度和无人机尺度的茶叶嫩芽识别研究，建立了适用于真实茶园场景的茶叶嫩芽识别模型	数据集模型单一，构建的嫩芽识别模型实时性还有待进一步提高
	安徽农业大学	构建了在自然环境下（不同的时间、天气和光照等复杂条件），非结构茶园茶树芽叶的图像数据集，并采用不同的深度学习算法对嫩芽进行了识别与定位	未考虑茶园中可能存在的扰动情况，茶园应用效果需要进一步验证
	南京林业大学	2012 年前后已开展了基于机器视觉技术的茶叶嫩芽识别与定位研究	相关研究较早且均处于实验探索阶段，所采用的方法与现在相比也较为落后
	青岛科技大学	基于不同的机器视觉和深度学习算法，实现了对嫩芽识别和采摘点定位	以实验室研究为主，未考虑茶园自然生长环境对识别成功率和定位准确率的影响
	山东大学	一种精准高效的视觉系统，检测茶园中的嫩芽和定位采摘点，并进行了茶园试验	采摘点在遮挡条件下难以定位成功

续表

研究方向	研究单位	研究进展及阶段成果	存在的问题和不足
信息感知	华中农业大学	采用嵌入式视觉技术将茶叶的图像识别和采摘机械手运动控制集成，设计了成本更低、功耗更小、空间体积更精简的茶叶信息感知系统	未进行茶园试验验证，且在识别效率、算法优化等方面还需要深入研究
		基于机器视觉和农业机器人技术研制了智能化茶叶采摘系统	采摘嫩芽的完整性仍需要提高
	上海交通大学	基于不同的硬件平台和机器视觉方法识别和定位茶叶嫩芽和采摘位	相关结果多在实验室环境中获得，未在茶园中进行测试
	上海工程技术大学	利用机器视觉技术开发茶叶嫩芽分级识别方法	相关结果多在实验室环境中获得，未在茶园中进行测试
	四川省农业机械科学研究院	通过准确的图像识别和叶片长度粗细结合识别出不同等级的茶叶内容，达到自适应茶叶等级准确收集茶叶的效果	只应用于夏秋茶采摘装备，名优茶智能采摘还处于试验阶段
	西华大学、宜宾职业技术学院等	分别采用了不同的深度学习算法开发名优茶芽识别和采摘点定位系统	只进行了实验室模拟试验
采摘路径规划	浙江理工大学	基于6自由度工业机械臂，采用改进的最大最小蚂蚁算法实现了名优茶采摘全局路径规划，大大缩短了算法的求解时间	在一定程度上牺牲了路径的最优性
		采用改进的快速随机搜索树算法完成了名优茶采摘时机械臂的局部避障路径规划	在简单机械臂上使用所提出的路径规划方案的适用性需进一步验证
		结合名优茶的生长环境以及采摘要求，采摘专用机械臂进行设计与运动控制	工作空间范围小导致采摘效率大大降低
		一种阵列式名优茶采摘机械手，通过合适的全局采摘路径规划来提高采摘效率	该机械手只有单一自由度，只能完成顶芽的采摘，不适用于侧芽采摘
	安徽农业大学	一种采用改进后灰狼优化算法的茶叶采摘机械臂路径规划方法	未与实际采摘机构相匹配，适用性还须进一步提高
	青岛科技大学	基于时间与急动度最优的并联式采茶机器人轨迹规划混合策略，研制了并联式自动采茶机	以仿真分析和室内模拟试验为主，未进行茶园试验，实际应用效果有待评估

续表

研究方向	研究单位	研究进展及阶段成果	存在的问题和不足
采摘路径规划	华中农业大学	采用蚁群算法规划采茶路径具有双机械手的名优茶采摘机器人	采摘方式有一定的限制，对自然生长的茶园适应性较差
	四川农业大学、西华大学	分别对智能名优茶采摘机器人进行研究	处于实验室设计阶段
	四川轻化工大学	一种基于改进DQN算法的茶叶采摘机械手路径规划算法	仅通过模拟仿真试验分析了结果，未进行实机验证
采摘机械臂及末端执行器	浙江理工大学等	手持式、基于提采动作的便携式、分体刀具式、螺纹管吸附式等采摘机构	可靠性、稳定性以及与采摘机器人的适应性还须进行深入研究，目前仍在试验阶段
	安徽农业大学	一种嫩梢捏切组合式的仿人工采摘机构	受制于茶叶生长的不确定性，存在采摘效率、准确度较低等问题
	中国科学技术大学	一种基于SCARA机械手的采茶机器人方案	该方案目前未进行样机制作
	农业农村部南京农业机械化研究所	研制出我国首台乘坐自走式采茶机样机	该机遇到大风天气无法准确定位、视觉系统识别率低、路径规划需要改进等，需要进一步优化
	南京林业大学	先后设计了一种基于并联机构和仿生机构的名优茶采摘机构	处于实验室样机阶段
	南京理工大学	基于视觉引导技术的采摘机械手	处于实验室样机阶段
	山东大学	基于多机械臂协同的履带式采摘机器人	以仿真分析和室内模拟试验为主，未进行茶园试验，实际应用效果有待评估
	上海工程技术大学	一种4自由度关节型名优茶采摘机械手	只进行了仿真验证
	上海交通大学	双足履带式自主采茶机器人，并基于视觉引导方法控制SCARA机械臂完成对采摘位置的定位	未考虑机器人在茶园工作时各部分机构的协同问题
	四川省农业机械科学研究院	研究了几种茶叶嫩芽采摘装置以及一种可用于茶芽识别定位的装置试验台架	处于实验室样机阶段
	四川农业大学、西华大学	分别对智能名优茶采摘机器人的机械臂和末端执行器进行了研究	处于实验室设计阶段

续表

研究方向	研究单位	研究进展及阶段成果	存在的问题和不足
机艺融合	中国农业科学院茶叶研究所、丽水市农林科学研究院	确定了适合于名优茶采摘的机采装备	对比的机型数量较少，相关机型的适应性还须进一步研究
	杭州市农业科学研究院茶叶研究所	明确了杭州名优茶中适宜机采的品种	最适合机采的芽叶最下叶着生角还有待进一步试验
	诸暨市经济特产站	"以机适地"研究了茶园"二段机采，一段筛优"模式的树冠培育技术及机采机制方式	采摘流程相对复杂
	绍兴市农业科学研究院	"以地适机"确定了名优茶茶园的改建技术	不清楚
	安徽省十字铺茶场	对树冠培养、最佳采摘期和机采茶园的合理留采、肥水管理等茶园管理环节展开了研究，确定了适合于不同地形条件和树冠形状的茶叶采摘机械	不清楚
	湖北省农业科学院果树茶叶研究所、植保土肥研究所	对名优茶机采树冠培育制度进行了研究，提出各地区应结合茶产业发展实际，因地制宜进行试验，制定机采茶园树冠培育的技术流程	不清楚
	湖北省夷陵区农业技术推广中心联合中国农业科学院茶叶研究所	分析了不同修剪处理对名优茶持续机械化采摘效果的影响。结果表明，5月深剪结合7月深剪处理可形成较好的机采树冠，并可获得较好的机采效果	不清楚
	湖北省五峰土家族自治县茶叶局	提出了"一亩当家手采 + 名优绿茶机采"的茶园高培高管生产模式，有效实现了茶农收益最大化	不清楚
	四川省农业机械科学研究院	研究了一种便于机械化采收的投产茶园茶蓬培育方法，通过规范台刈、修剪处理方式和肥水管理，提高茶行茶蓬生长一致性，从而降低了机械化采收的遗漏率和杂质含量	只应用于夏秋茶采摘装备，名优茶智能采摘还处于试验阶段

续表

研究方向	研究单位	研究进展及阶段成果	存在的问题和不足
机艺融合	四川农业大学	四川茶区适宜机采茶树品种的筛选。结果表明，川茶 2 号、中茶 108 和马边绿 1 号 3 个品种最适宜机采。新梢的发芽密度越大则机械采摘的产量越高。采前发芽整齐度、生长势、机采芽叶最下节间长度与完整芽叶率呈正相关。机采芽叶的底叶着生角度和机采芽叶完整率密切相关，底叶着生角度越大，芽叶完整率越高	不清楚

附件 2 浙江理工大学名优茶智能采摘研究状况

一、研究进展

浙江理工大学是茶叶智能采摘技术研究的典型代表。在信息感知方面，针对非结构环境下茶叶嫩梢的快速检测技术、茶园环境中异形小目标定位技术和嫩梢空间定位技术进行了研究；在采摘路径规划方面，采用改进后的最大最小蚂蚁算法、快速随机搜索树算法实现了采摘全局路径和局部避障路径规划，并且结合茶叶生长环境以及采摘要求，对采摘专用机械臂进行设计与运动控制，实现采摘效率的提高；在采摘装置研制方面，设计并研制了手持式、基于提采动作的便携式、分体刀具式、螺纹管吸附式等采摘装置，均取得了一定的效果。

二、研究程度

浙江理工大学于 2019 年成功研发出第一代采茶机器人。为提高采茶效率、降低机器制造成本，团队持续对采茶机器人进行升级改造。发展到第三代时，采茶机器人已经能够在行走过程中实现自动识别、定位、采摘、收集，芽叶识别率达 82%、平均采摘速度 2.5s/株、采摘成功率 40%。2023 年，研制的第五代智能采茶机器人其单帧图像嫩梢检测耗时 0.064s，每个嫩梢定位耗时约 3.49ms，采摘一个嫩梢的时间约 1.51s，即 1h 可以采 2 000 多个，一天可采 2kg 左右的芽叶，基本达到一台机器替代一个工人的采摘效率。2024 年，智能采茶机器人已发展到第六代（附图 1），从轨道式优化为履带式，从两支机械臂增加到四支机械臂、从两台固定识别相机减少到一台移动识别相机，采摘识别率超过 90%，比 2023 年研制的第五代机器人又提高了 50% 的工作效率。该机器人的采摘采用刀具切割。目前，这款机器人仍然处于实验室阶段，试验场景为平地或缓坡茶园。浙江理工大学所构建的数据集无法适应多品种、多时期嫩梢的精准检测需求，导致机器人的采摘精度较低。

A—田间工作场景；B—整机结构图；C—手-眼采摘单元实物图。
1—"脚"系统单元；2—"臂"系统单元；3—"眼"系统单元；4—"手"系统单元；5—"脑"系统单元。

附图1 浙江理工大学研制的茶叶采摘机器人

三、申请专利情况

2020年，浙江理工大学申请发明专利"一种基于负压引导的双翅型茶叶采摘机器人"（附图2）；2021年，申请发明专利"一种超声波测距的自动仿形采茶装置及其采茶方法"（附图3）；2022年，申请发明专利"一种基于阵列末端的采茶机器及采摘方法"（附图4）。

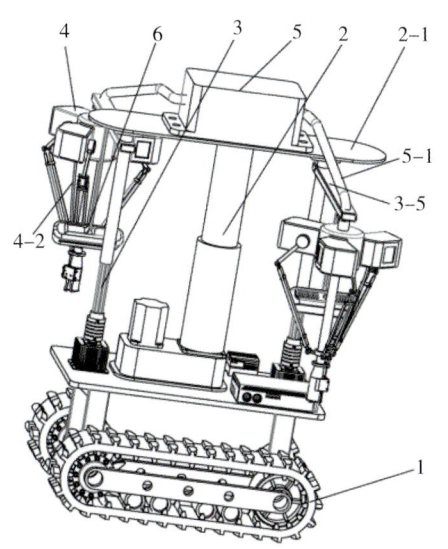

1—履带小车；2—电缸；2-1—水平钢板；3—转动杆组；3-5—方形杆件；4—delta 机械手；4-2—钢丝绳管；5—负压收集装置；5-1—波纹管；6—相机组件。

附图 2 浙江理工大学研制的"一种基于负压引导的双翅型茶叶采摘机器人"示意图

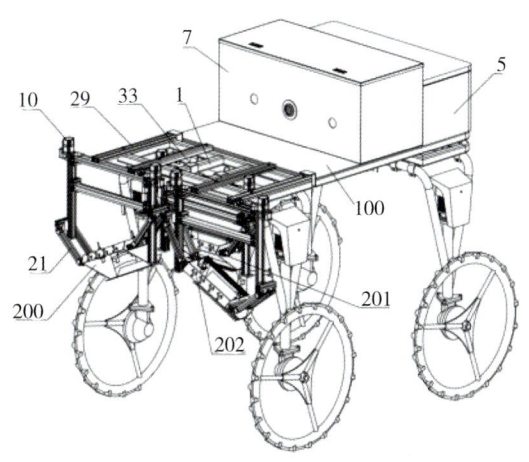

1—移动平台机架；5—平台控制柜；7—仿形采茶单元控制柜；10—第一伺服电机；21—摆臂；29—长臂支撑型材；33—钣金件；100—移动平台；200—左仿形采茶单元；201—中仿形采茶单元；202—右仿形采茶单元。

附图 3 浙江理工大学研制的"一种超声波测距的自动仿形采茶装置及其采茶方法"示意图

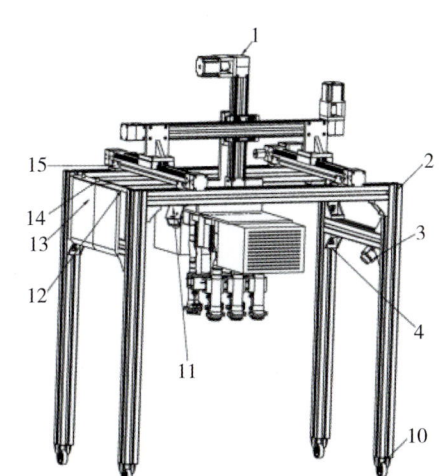

1—XYZ 机械臂；2—铝型材；3—工业相机；4—三脚架；10—万向轮；11—相机固定板；12—控制集成模块；13—"U"形挡板；14—电池；15—连接块。

附图 4 浙江理工大学研制的"一种基于阵列末端的采茶机器及采摘方法"示意图

附件3 安徽农业大学名优茶智能采摘研究状况

一、研究进展

根据调研，安徽农业大学是国内首批进行茶叶智能采摘技术研究的单位。在信息感知方面，先后构建了不同自然环境下非结构茶园茶树芽叶的图像数据集，并采用不同的深度学习算法对嫩芽进行了识别与定位；在采摘路径规划方面，提出了一种采用改进后灰狼优化算法的茶叶采摘机械臂路径规划方法；在采摘机械装置研制方面，设计了一种嫩梢捏切组合式的仿人工采摘装置。

二、研究程度

安徽农业大学已研制出茶叶嫩梢采摘样机并进行了田间试验（附图1、附图2）。该机器人采摘作业一次采摘一排茶叶。实际试验表明，样机的平均识别时间为30.2ms、平均采摘点定位时间为37.4ms、平均采摘时间为0.768s；将茶叶固定在试验台上时该样机的采摘成功率为95%，而使用理条夹持装置时采摘成功率为83.6%。目前，安徽农业大学研制的茶叶嫩梢采摘机器人还处于实验室阶段，由于受茶叶生长不确定性影响，存在采摘效率、准确度较低等问题。

1—太阳能板；2—自适应调平机构；3—挂载平台；4—采摘器；5—茶垄；6—轮毂电机驱动轮；7—从动万向轮；8—控制箱；9—电源。

附图1 安徽农业大学研制的茶叶嫩梢采摘机示意图

1—行走底盘；2—控制箱；3—电源；4—太阳能板；5—调平平台；6—前进丝杆；
7—背景板；8—理条夹持部件；9—采摘部件；10—相机。

附图 2　安徽农业大学研制的茶叶嫩梢采摘样机

三、申请专利情况

2021 年，石台县德馨农业科技有限公司和安徽农业大学联合申请发明专利"一种通过人工智能识别并模仿人手的智能采茶机器人"（附图 3）；2022 年，安徽农业大学申请发明专利"一种茶叶采摘机器人"（附图 4）。

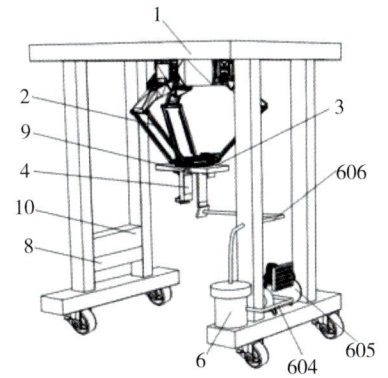

1—框架；2—四轴并联机器人；3—条形板；
4—夹持结构；6—收集结构；604—第一气管；
605—抽气泵；606—第二气管；8—中央控制
模块；9—摄像头；10—嫩芽检测识别部分。

附图 3　德馨公司和安徽农业大学联合研制的"一种通过人工智能识别并模仿人手的智能采茶机器人"示意图

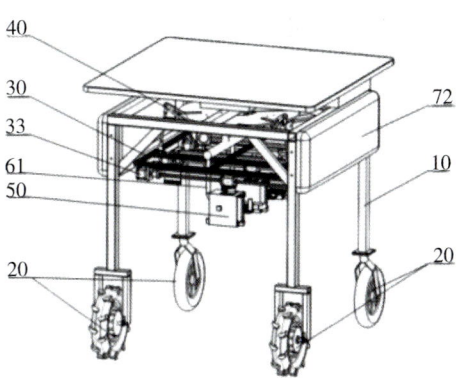

10—机架；20—行走轮组；30—工作平台；
33—第二电机；40—调平升降机构；50—采摘
机构；61—软管；72—控制系统。

附图 4　安徽农业大学研制的"一种茶叶采摘机器人"示意图

附件 4 四川省农业机械科学研究院名优茶智能采摘研究状况

一、研究进展

近年来，省农机院持续开展茶叶机械化、智能化采摘研究，并跟进国内茶叶智能采摘技术的研究前沿，在改进算法、技术创新、宜机改良等方面取得一定进展。

二、研究程度

在农机农艺融合方面，省农机院研究了一种便于机械化采收的投产茶园茶蓬培育方法，通过规范台刈、修剪处理方式和肥水管理，提高茶行茶蓬生长一致性，从而降低了机械化采收的遗漏率和杂质含量。在信息感知方面，研究了一种基于RGB区分度的茶叶采摘方法和系统，可通过准确的图像识别和叶片长度粗细结合，识别出不同等级的茶叶内容，达到自适应茶叶等级准确收集茶叶的效果。在采摘装置研发方面，研究了几种茶叶嫩芽采摘装置以及一种可用于茶芽识别定位的装置试验台架。

三、申请专利情况

2019年，省农机院申请专利"茶园嫩叶采摘机"（附图1）和"茶园嫩叶仿形采摘装置"（附图2）；2020年，申请专利"自动茶叶嫩芽采摘机"（附图3）；2021年，申请专利"一种可用于茶芽识别定位的装置试验台架"（附图4）。

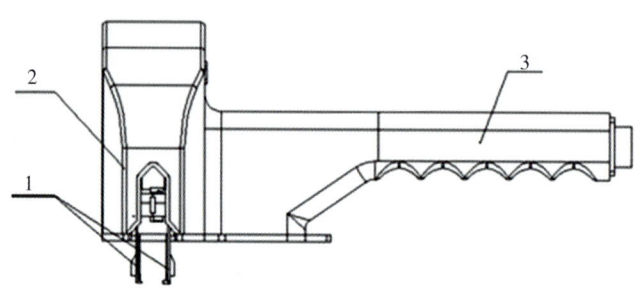

1—仿形采摘机构；2—采摘机壳体；3—手柄。

附图 1 省农机院研发的"茶园嫩叶采摘机"示意图

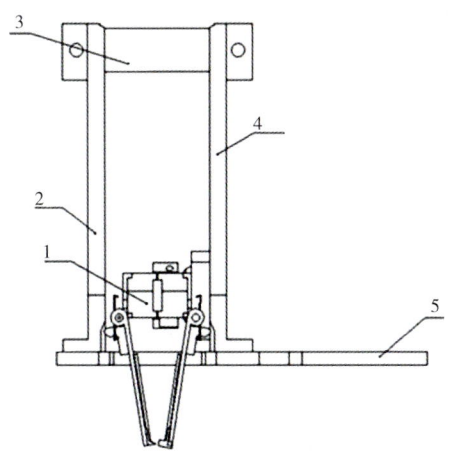

1—仿形采摘机构；2—左弧形轨道；3—轨道连接板；4—右弧形轨道；5—底座。

附图 2 省农机院研发的"茶园嫩叶仿形采摘装置"示意图

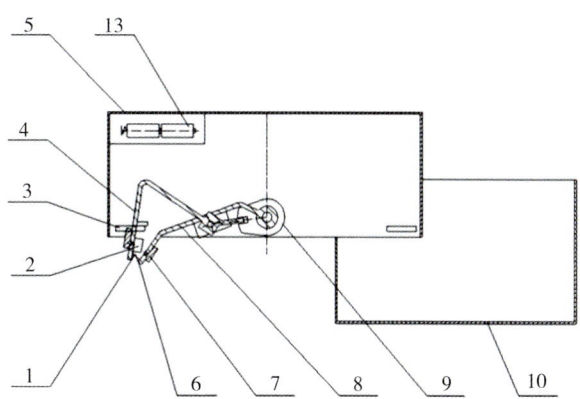

1—动刀片；2—挡芽盖；3—限位块；4—动刀架；5—外壳；6—定刀片；7—传感器；8—定刀架；9—传动板；10—贮芽盒；13—电源。

附图 3 省农机院研发的"自动茶叶嫩芽采摘机"示意图

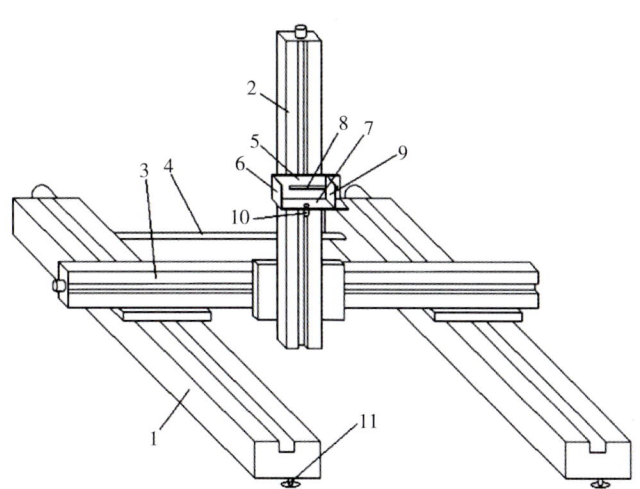

1—X 轴滑台总成；2—Z 轴滑台总成；3—Y 轴滑台总成；4—限位杆；5—背板；6—侧板；7—底板；8—横向通孔；9—夹板；10—激光指示器；13—高度调节螺母。

附图 4 省农机院研发的"一种可用于茶芽识别定位的装置试验台架"示意图

附件 5　西华大学名优茶智能采摘研究状况

一、研究程度

西华大学团队目前研发主要集中在提升茶芽的识别率方面，已经初步探索出两种采茶机器人，分别为基于 Jaka6 轴机械臂的茶叶嫩芽采摘设备（附图 1）和基于结合光源系统的 Delta 机械臂茶叶嫩芽采摘机器人（附图 2）。

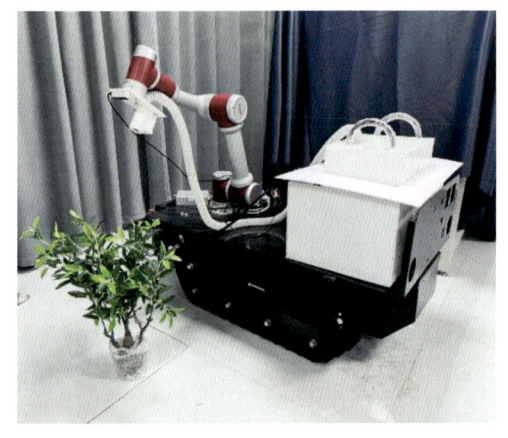
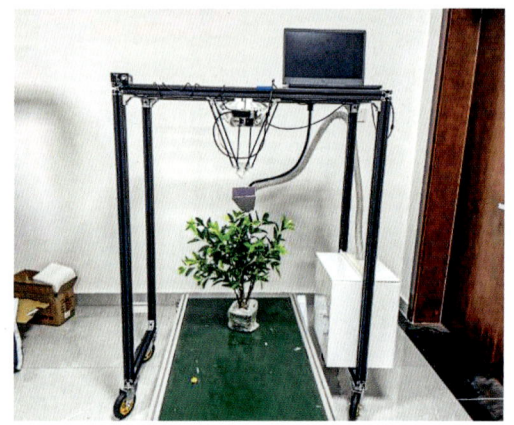

附图 1　基于 Jaka6 轴机械臂的茶叶嫩芽采摘设备　　附图 2　基于结合光源系统的 Delta 机械臂茶叶嫩芽采摘机器人

其中，Delta 机械臂茶叶嫩芽采摘机器人的行走装置及其主体框架由铝型材构成，铝型材的安装简单且拥有不错的结构强度，同时，因为其材料特点也减少了机身重量；整机使用一台 Delta 结构的机械臂居中摆放，Delta 机械臂上设有深度相机和工业光源，可精准地完成茶叶嫩芽的识别与定位；机器人设有一个收集箱，置于机身右侧，通过软管与机身后方的采集口连接，在机箱内安装有抽风装置，可以将采摘后的茶芽吸入收集箱；机械臂采用了附着柔性材料的末端执行器，可以在提供摩擦力的同时有效避免夹伤或掉落嫩芽；机器人的主控为笔记本电脑，以保证整机的算力需求，使用支架连接的方式固定在机器人的右上方。

Delta 机械臂茶叶嫩芽采摘机器人在仿真茶树条件下的机械臂采摘测试结果表明，10 次采摘试验中，茶叶嫩芽平均识别准确率为 78.89%，茶叶嫩芽平均采收率为 72.22%，平均单个嫩芽采收时间为 10.95s，能够满足基本的采摘需求。但由于茶叶的采摘窗口期及实验计划安排等情况，未进行实际采摘作业试验。目前，西华大学在采摘速度和运行的逻辑等方面仍有很大优化空间；缺乏有效的动力平台，针对茶园松软的土地环境，可进一步研发轻型履带式动力平台或轨道式部署；末端执行器的硬件和采收方式还需要优化。

二、申请专利情况

2020年，西华大学申请专利"一种采茶机器人"（附图3）；2021年申请专利"夜间采茶机器人"（附图4）。

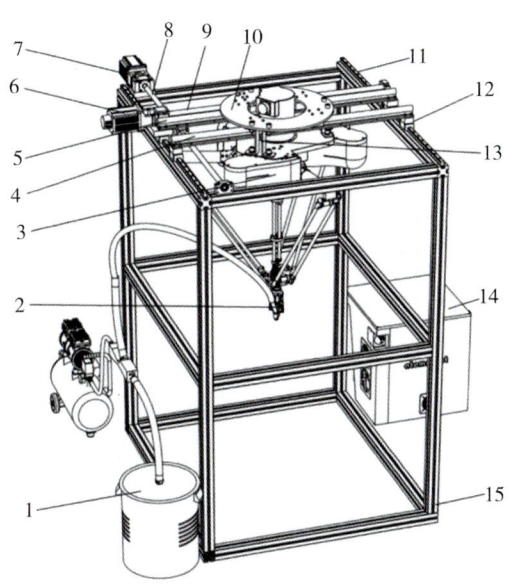

1—茶叶收集装置；2—茶叶采摘机械手；3—四轴并联机器人；4—纵向滑轨；5—纵向滑轨；6—纵向丝杠电机；7—横向丝杠电机；8—横向丝杠；9—纵向丝杠；10—滑动件；11—横向滑轨；12—滑块；13—连接件；14—控制柜；15—机架。

附图 3　西华大学研制的"一种采茶机器人"示意图

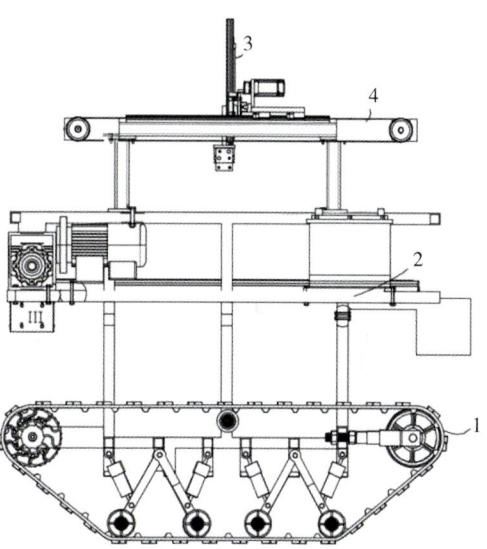

1—行走机构；2—传送机构；3—龙门机械手机构；4—Z轴运动机构。

附图 4　西华大学研制的"夜间采茶机器人"示意图

附件 6　宜宾职业技术学院名优茶智能采摘研究状况

一、研究程度

宜宾职业技术学院研制的名优茶智能采摘机器人（附图 1），工作原理是由双目 3D 摄像头和人工智能算法负责识别和定位独芽；名优茶末端采摘手（附图 2）搭载在三维运动装置上，根据名优茶的具体坐标完成采摘；该机器人能实现名优茶的自动化采摘，白天夜晚均可采摘。

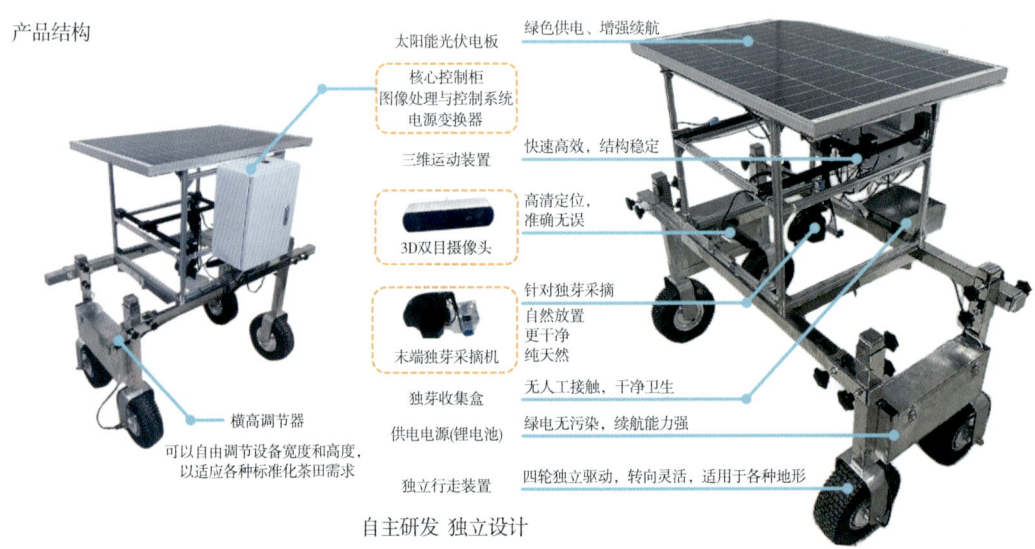

附图 1　宜宾职业技术学院研制的名优茶智能采摘机器人

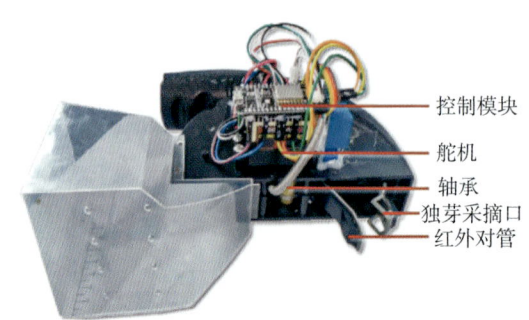

附图 2　宜宾职业技术学院研制的名优茶末端采摘手

二、申请专利情况

宜宾职业技术学院 2021—2023 年申请相关专利共计 9 件,其中,2021 年申请了"一种自主移动智能化采茶机器人"(附图 3)。

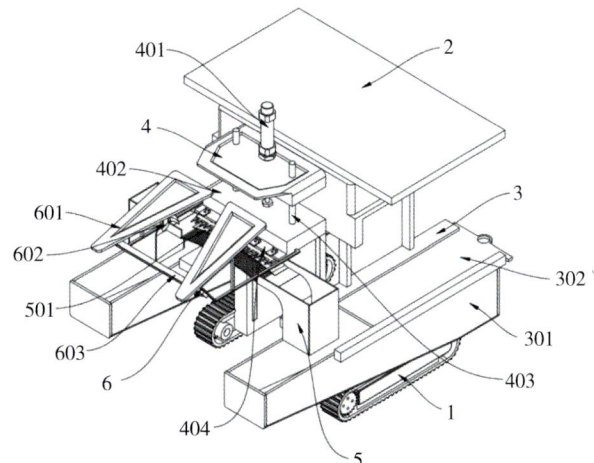

1—行走履带;2—机架主体;3—侧挂架;301—侧挂箱;302—封板;4—调整挂架;401—电动汽缸;402—刀台;403—导向杆;404—采茶刀;5—分叶封箱;501—中分托板;6—前置分叶架;601—光伏太阳能板;602—吹风扇;603—CMOS 视觉系统。

附图 3　宜宾职业技术学院研制的"一种自主移动智能化采茶机器人"示意图

推进四川丘陵山区农机装备
"补短板强弱项"研究报告——"天府良机"智库 2024 年蓝皮书

柑橘智能采摘装备研究

许丽佳　唐座亮　王玉超　伍志军

一、柑橘智能采摘装备研发目的及意义

柑橘作为全球种植面积最广、产量最高的水果之一，具有重要的经济和社会价值，我国柑橘种植面积超过 4 490 万亩，总产量居世界第一位，约占全球柑橘总产量的 1/3。然而，目前柑橘采收环节主要依赖人工操作，存在劳动强度大、采摘效率低、人力成本高等问题。随着市场波动、极端气候，以及全球人口老龄化加剧和劳动力成本的不断上升，农业领域亟须引入智能化装备以提高生产效率，降低生产成本。因此，研发柑橘智能采摘装备已成为提升果园机械化水平的重要方向，不仅可有效缓解劳动力严重短缺的问题，还可以提高柑橘采收效率，进而降低生产成本，提升柑橘的市场竞争力，有助于实现柑橘产业的可持续发展。更广泛地看，该类装备的推广应用有助于推动智能农业装备产业的发展，提升我国在全球农业智能装备领域的竞争力。

二、国内外研究现状

（一）国外研究现状

近年来，随着人工智能和机器人技术的发展，国外在柑橘智能采摘装备的研发上取得了一定的进展。美国、日本、以色列等国家的科研机构和农业机械企业，已

经在智能采摘机器人、传感器技术及算法优化等方面开展了广泛的研究,并取得了初步成果。

美国在智能农业领域处于全球领先地位,相关研究多集中在智能机器人和精确农业技术上。这些机器人采用了先进的机器视觉技术和多自由度机械臂,能够有效识别果实并完成采摘。例如,美国硅谷孵化的 Root AI 推出的温室小番茄采摘机器人 Virgo,可实现昼夜连续采摘小番茄。作为机器人领域的先驱,日本在智能采摘领域同样取得了重要进展。日本的研究机构和企业如本田技研、京都大学等,专注于小型化、高精度的智能采摘装备的研发,并结合其在传感器技术和机器人技术方面的优势,开发出了一系列能够在复杂果园环境中工作的采摘机器人,如日本的 Naoshi Kondo 团队成功研制出一款番茄采摘机器人,配备了图像识别传感器,能识别果梗并对其进行定位,然后其采摘末端准确地将果茎切断,从而获得成串的番茄,采摘单串番茄需用时 15s。以色列在精准农业技术上有着深厚的积累,以色列农业科技公司如 FFRobotics,开发了多款智能采摘机器人,这些机器人利用先进的视觉传感器和算法,可以在不同成熟度和环境条件下实现苹果的高效采摘。

欧美国家如加拿大、德国等在农业机械和自动化方面也开展了深入研究,研发了多种智能采摘设备。德国的 Organifarm 公司推出的夹剪式草莓采摘机器人 BERRY。加拿大的 Mycionics 公司推出的香菇采摘机器人(图1)。荷兰的

(a)Root AI 小番茄采摘机器人

(b)FFRobotics 苹果采摘机器人

(c)Organifarm 草莓采摘机器人

(d)Mycionics 香菇采摘机器人

图 1　国外智能采摘机器人

Wageningen 大学和研究中心在智能农业和机器人技术方面具有很强的研发能力，开发的采摘机器人在葡萄和苹果等果实的采摘中表现出色，也为柑橘采摘提供了技术支持。

（二）国内研究现状

我国是全球最大的柑橘生产国。在政策层面，我国政府高度重视农业现代化发展，出台了一系列政策支持智能农机装备的研发，并鼓励科研机构与企业联合攻关，为智能果园装备的研发及相关产业的可持续发展提供了有力保障。国内的柑橘智能采摘装备在一些果园已开始进行小范围的应用试验。虽然其目前在性能和适应性方面仍存在一定差距，但这些试验为进一步优化装备性能和推广应用积累了宝贵的经验。

近年来，国内的科研机构和企业也在智能采摘装备领域开展了大量研究。然而，相比国外，国内在柑橘智能采摘装备的研发方面起步较晚，技术水平尚待提高，但已经展现出快速发展的趋势。

江苏大学成功研发出一款苹果采摘机器人，由可移动底盘、5自由度机械臂、采摘末端以及基于图像识别的视觉伺服控制系统组成，在实验室测试和果园实地测试中，这款苹果采摘机器人收获单个苹果的平均时间为15s，采摘成功率为77%。南京农业大学于2012年研制出一款智能移动苹果采摘机器人，该机器人具备自动导航功能，当双目相机检测到苹果后，移动底盘能自主运动到合适的采摘位置，在实际果园实验中，这款采摘机器人对于成熟苹果的识别正确率为81.73%，采摘单个苹果平均用时9.5s，采摘成功率为86.92%。中国农业大学纪超等研发出一款智能黄瓜采摘机器人，该机器人具备可移动平台、黄瓜识别定位系统、4自由度轻型机械臂以及柔性采摘末端，在田间实验中，这款黄瓜采摘机器人对于单个黄瓜的采摘平均耗时为28.6s，采摘成功率为85%。西北农林科技大学、北京市农林科学院、华南农业大学等科研机构，在智能农业技术及装备研发方面积累了一定的经验。这些机构开发了一些具备图像识别、机械臂控制及环境感知功能的采摘机器人，并在果园环境中进行了试验。近年来，越来越多的国内企业开始涉足智能果蔬采摘装备的研发，如大疆创新、犍小茉等公司。这些企业结合自身在无人机、机器人及智能控制方面的技术优势，初步开发出了一些应用于果园作业的智能采摘设备（图2）。

（a）智能柑橘采摘机器人　　　（b）苹果采摘机器人　　　（c）万寿菊采摘机器人

图 2　国内智能采摘机器人

（三）四川发展现状

柑橘产业是四川优势特色产业，种植面积达 485 万亩、产量达 458 万 t，在四川农业中占据十分重要的位置。柑橘园多处于崎岖不平、道路狭窄的地区，现有的农机装备难以进入园区完成柑橘采摘作业。目前，四川农业大学在柑橘采摘机器人目标识别领域取得突破，开发了基于改进 YOLOv4 的 HPL-YOLOv4 模型。在 2024 年西南柑橘产业社会化服务大会上，多家企业也展示了智能采摘设备的应用案例。

总体上来看，果蔬采摘机器人的主要组成部分包括了视觉系统、采摘末端、采摘机械臂和通用移动底盘。其中，视觉系统采用主要采摘以图像和深度学习为主，识别准确率 ≥ 90.0%；采摘末端则会因采摘目标表型特征的不同而有所差异，主要是基于多指夹取或者吸盘稳固的方式；采摘机械臂则多以 6 自由度伺服机械臂为主。单臂机械臂采摘可达 10s/ 个，若多机械臂采摘则可提升采摘效率，同时也会增加成本和控制难度。

综上，国内外的农业采收机器人仍属于技术密集型和科学研究型的领域，存在少量初创公司，但尚未有在实际环境下开展连续作业的商品化采摘装备。目前，基于机器视觉的采摘机器人研究已有初步成果，多体现在视觉定位、采摘机械臂控制和采摘末端设计方面。未来，如何在视觉伺服驱动下，实现目标果蔬的连续、稳定、快速、高成功率采摘是一个亟须解决的"卡脖子"问题（表 1）。

表 1 国内外智能采摘机器人研究现状

机构	作物	地区国家	视觉系统	采摘末端	采摘机械臂	效率速度	状态	驱动方式
Root AI	小番茄	美国	主动光源视觉系统	三夹指旋转采摘	升降 SCARA 机械臂	<10s/个	原型机	电驱
FFRobotics	苹果	以色列	视觉感知	三夹指旋转采摘	双侧升降式多机械臂	约 2.5s/个	原型机	电驱
Organifarm	草莓	德国	双目立体视觉	两指夹剪一体化	6 自由度伺服机械臂	<10s/个	原型机	电驱
Mycionics	香菇	加拿大	3D 立体视觉	三指抓弯采摘	短程升降机械臂	1.3s/个	半商品化	电驱
四川农业大学	柑橘	中国	3D 立体视觉	夹剪一体化采摘	6 自由度伺服机械臂	约 10s/个	原型机	电驱
犍小茉	万寿菊	中国	主动光源视觉系统	四瓣球体包络采摘	直角坐标多机械臂	<5s/个	半商品化	电驱
西北农林科技大学	苹果	中国	视觉感知	多点吸盘稳固采摘	双 6 自由度伺服机械臂	约 7.5s/个	原型机	电驱

三、柑橘智能采摘装备研究路径探索

（一）配套原则

围绕丘陵山区地貌复杂坡度大、地块细碎等生产特点，针对轻简型柑橘智能收获农机装备缺乏的现实问题，开展成熟柑橘果实的智能收获技术研究与装备研发，瞄准爱媛、脐橙、耙耙柑等四川主要种植的柑橘品种，按照"电力驱动、全程自主作业"的技术路线，突破丘陵山区复杂地貌下的自主行走、自然生长柑橘果树成熟柑橘的空间感知、无损夹持采摘和无碰撞采摘运动规划等关键核心技术，研发轻简型智能柑橘采摘机器人。采用科企合作机制，开展样机在生产基地的采摘作业示范，实现柑橘熟果的无人化采摘作业。

（二）智能采收关键技术研究

柑橘智能采摘装备的研发涉及多项关键技术，其中，机器视觉是其中最核心的技术之一，通过摄像头、图像处理算法、深度强化学习，实现对柑橘果实的识别、定位和成熟度判断。目前，机器视觉技术的研究主要集中在提高检测与识别精度、降低环境光干扰、加快图像处理速度等方面。采用深度学习和神经网络算法，可以大幅提升果实识别的准确率。机械臂是采摘机器人的执行机构，其精确控制和灵活性直接影响采摘的成功率和效率。机械臂控制技术的研究主要包括多自由度控制、路径规划、碰撞检测及动态避障等。通过引入先进的力控算法和传感器反馈，可以显著提高机械臂的操作精度和环境适应性。

智能水果采摘装备需要在复杂的果园环境中作业，对环境的感知和智能决策能力至关重要。这一领域的研究主要集中在传感器融合技术、多模态数据处理、实时决策算法等方面。通过集成视觉、激光雷达、超声波等多种传感器，可以提升装备对果园环境的感知能力，并通过智能决策系统，实现采摘路径的优化和操作策略的调整。另外，机器人需要在果园中自主移动，高精度的导航与定位技术是必不可少的，包括基于视觉的定位系统、GPS/RTK 差分定位系统、多传感器融合导航系统等。通过优化导航算法和路径规划，可以确保装备在果园中稳定、高效地移动。

综上，柑橘智能采摘装备的研发涉及多学科技术的集成与优化。如何将视觉、机械、控制、决策、导航等模块有机结合，构建一体化的机器人采摘控制系统是当前研究的重点，不仅要求各模块功能的有机结合，还要考虑系统的能效、成本、可靠性及维护性。

（三）研究成效

在果实识别与采摘方面，利用先进的机器视觉和机械臂控制技术，初步实现了柑橘果实的自动识别和采摘操作。部分研究成果已在实验室和小规模果园中验证，显示出良好的采摘效果，其中成熟柑橘果实的识别准确率高于 92.0%，三指夹采速率达到 10s/ 个。

在多场景适应性方面，随着环境感知与决策系统的完善，智能柑橘采摘机在不同地形、气候条件下的适应性显著增强，能够在复杂果园环境中保持运行，减少了人工干预的需求。

在数据驱动优化方面，通过引入大数据和机器学习技术，采摘装备能够根据历史数据和实时环境，动态调整采摘策略和路径，大幅提升了采摘效率和果实质量（图3）。

（a）大棚采摘作业

（b）户外采摘作业

（c）自行研制第2代样机

（d）自行研制的第3代样机

图3 智能柑橘采摘机器人

（四）应用场景构建

在标准化种植的柑橘果园中，智能采摘装备可以大幅减少人工成本。作为四川种植面积以及产量均位居第一的水果产业，四川省内多数柑橘果园分布在丘陵山区，在蒲江县、青神县、丹棱县、金堂县等地可建立多个标准化果园的柑橘智能采摘装备应用场景。通过高效、精准的采收作业应用示范，有助于减少对劳动力的需求，增强水果产业的竞争力。

四、丘陵山区柑橘智能采摘装备发展的对策建议

（一）强化研发投入，攻克关键技术难题

加大国家对人工智能和机器人领域的战略投入，结合农业农村部、四川省对发展丘陵山区智能农机具的要求，设立四川丘陵山区柑橘智能采摘装备专项研发。鼓励高校、科研院所与企业建立深度合作机制，充分发挥各方优势，协同创新。针对丘陵山区地形复杂、果园布局分散的显著特点，集中人力、物力和财力，全力攻克机器人的导航定位、果实识别、精准采摘行为控制等关键技术。一方面，研发适应不同坡度、地形的移动底盘，通过采用特殊的履带设计或多轮驱动方式，提升机器人在丘陵山区果园的通行能力，确保其能在复杂地形中灵活穿梭；另一方面，运用深度学习算法优化果实识别系统，提高采摘准确率。此外，着重进行柔性采摘末端的研发，模拟人手采摘动作，根据柑橘果实的大小、成熟度和位置，自动调整采摘力度和角度，避免对果实造成损伤，同时提高采摘效率和成功率，为智能柑橘采摘机器人的产业化奠定坚实的技术基础。

（二）构建跨学科研发队伍，推动农机农艺融合

建议由政府牵头，组织高校、科研机构和企业等各方力量，共同组建跨学科的研发队伍。团队成员应涵盖机械工程、电子信息、计算机科学、农业工程、园艺学等多学科领域，通过跨学科的合作与交流，实现技术的协同创新。与此同时，在智能采摘机器人研发过程中，同步推进宜机果园、宜机树形和宜机品种的研发。例如，研发适合机械化采摘的果树品种和树形，为智能采摘机器人提供更加有利的作业条件，从而提高采摘效率和成功率。

（三）推动产业协同，完善产业链条建设

由政府部门牵头，联合农业、财政、科技等多部门成立专项工作小组，明确各部门职责，加强沟通协作，形成工作合力。制定详细的产业发展规划，明确发展目标、重点任务和实施步骤。建立产业发展监督评估机制，定期对产业发展情况进行评估，及时调整发展策略。同时，依据农业农村部优先发展丘陵山区智能农机具的要求，构建"产学研用"一体化产业协同发展模式。鼓励科研机构专注于核心技术研发，企业负责产品生产制造和市场推广，果农提供应用反馈意见，促进各方之间的紧密合作与协同发展。引导相关企业聚集，形成从零部件生产、整机装配到售后服务的完整产业链。支持企业加大在机器人生产设备、生产工艺上的投入，提高生产效率和产品质量。建立产业联盟，定期开展技术交流、产品展销等活动，促进产业信息共享，提升整体竞争力，加速智能柑橘采摘机器人产业化进程。

（四）加大政策扶持，降低推广应用成本

国家和地方政府出台专项扶持政策，对购置柑橘智能采摘装备的果农和农业企业给予补贴，提高中央财政补贴比例，并将其优先纳入农机购置补贴目录。创新补贴方式，如采用"先购机后补贴""贷款贴息"等形式，缓解购买资金压力。对生产企业给予税收优惠、用地用电优惠等政策，降低企业生产成本。设立产业发展专项资金，支持企业开展技术创新、产品推广活动，提高智能柑橘采摘机器人在四川丘陵山区的市场占有率，推动其广泛应用。

（五）加强示范推广，建设应用示范基地

在四川丘陵山区选择具有代表性的柑橘果园产区，建设多个应用示范场景。示范基地展示机器的采收效果，开展现场演示和技术培训活动，邀请果农和农业企业参观体验，以便直观感受其作业实效。通过示范基地，总结适合不同果园规模、种植品种的机器作业模式和应用方案，为推广提供实践依据。同时，利用媒体宣传示范基地的成功案例，提高果农对该款装备的认知度和接受度，以点带面推动柑橘智能采摘装备在全省丘陵山区柑橘园的示范、推广与普及。

（六）培养专业人才，提供人才智力支持

依托四川省内高校和职业院校的相关专业，开设智能农机具研发、操作与维护等特色课程，培养适应智慧果园装备产业发展需求的专业人才。鼓励高校与企业联合开展人才培养项目，通过实习实训、产学研合作等方式，提高学生的实践能力和创新能力。针对在职技术人员和果农，开展技能培训和继续教育，提升其对柑橘智能采摘装备的操作、维护水平。建立人才激励机制，吸引和留住优秀人才，为智能柑橘采摘机器人的研发、推广和应用提供坚实的人才保障。

（七）开展多样化培训，提升果农操作应用能力

积极响应国家对人工智能和机器人技术推广应用的战略部署，按照农业农村部发展丘陵山区智能农机具的要求，开展多元培训活动，提升果农操作柑橘智能采摘装备的能力。组织专业技术人员深入四川丘陵山区各柑橘产区，为果农举办线下集中培训，讲解其基本原理、操作流程和安全事项。利用线上平台，如短视频教程、直播培训等，方便果农随时学习。针对农机手，开展进阶培训，涵盖故障诊断与排除、日常维护保养等内容。同时，组织果农到示范果园基地参观学习，进行现场操作实践，让果农在实际操作中熟练掌握其使用技巧，提高应用水平，为智能采摘装备的广泛应用奠定基础。

（八）构建协同机制，推动产业高效有序发展

依据国家对人工智能和机器人产业的战略规划，以及农业农村部对丘陵山区智能农机具发展的指导意见，构建协同机制助力四川丘陵山区智能果园装备产业发展。由政府部门牵头，联合农业、财政、科技等多部门成立专项工作小组，明确各部门职责，加强沟通协作，形成工作合力。制定详细的产业发展规划，明确发展目标、重点任务和实施步骤。建立产业发展监督评估机制，定期对产业发展情况进行评估，及时调整发展策略。加大宣传力度，通过多种媒体渠道宣传智能采摘机器人的优势和成功案例，推广先进经验，在行业内营造良好的发展氛围，引导各方力量积极参与产业建设，推动智能果园装备产业高效有序发展。

（九）促进国际合作，引进吸收先进经验

积极响应国家对外开放战略，鼓励四川相关企业和科研机构与国际上在智能农机具领域具有先进技术和经验的企业、机构开展合作。通过引进国外先进的机器人技术、管理经验和资金，提升自身研发水平和产业竞争力。支持企业参加国际农机展会、学术交流活动，加强国际交流与合作。推动跨国技术转移和联合研发项目，促进智慧果园装备技术的创新发展，吸收国外先进的产业化发展模式，加速四川智慧果园装备产业的快速发展。

五、总结与展望

随着农业现代化的发展进程，智慧果园装备尤其智能采摘装备在未来具有广阔的发展前景，向多功能化和集成化方向发展，经过部分技术和装置的调整也可以进行迁移至其他水果的采收作业，如葡萄、猕猴桃、水蜜桃、李子、枇杷及辣椒等。人工智能和大数据技术进一步发展，智能采摘装备将更加智能化，能够自主学习和优化采摘策略，提升操作的自主性和精准度。随着技术的成熟和生产规模的扩大，此类装备的制造成本将逐步下降，也将成为推动柑橘产业可持续性发展的关键装备支撑。历经研究探索，在技术研发、产业发展、政策支持等多方面已取得一定成果，但仍面临诸多挑战，未来发展需要精准施策、持续发力。

综上所述，通过持续开展技术创新和应用探索，智能果园采摘装备将在未来的农业生产中发挥越来越重要的作用，这不仅可提升水果生产的机械化、智能化水平，也是推动水果产业实现高效、绿色发展的重要手段，但仍需要在技术创新、产业协同、政策扶持、人才培养和国际合作等方面持续努力。通过各方共同协作，突破技术瓶颈，该类装备将在柑橘产业中发挥巨大作用，推动该产业的可持续性发展，助力乡村振兴。

专题报告三
其他农机技术与装备

正压温室及其水肥循环系统关键技术研究与装备开发

孙 聪　曹 亮　雷凤芸

设施农业作为现代农业的重要组成部分，其发展水平直接关系我国农业的整体竞争力和可持续发展能力。近年来，随着农业供给侧结构性改革的深入推进，农业农村部、国家发展改革委、财政部和自然资源部联合印发的《全国现代设施农业建设规划（2023—2030年）》（以下简称《规划》）指出，我国设施农业发展的重点任务之一是要"建设以节能宜机为主的现代设施种植业""推行智能化管理"。四川省人民政府在《四川省"十四五"现代农业装备推进方案（2021—2025年）》中也明确指出，要"推进经济作物、养殖、设施农业、农产品加工等机械化""积极应用工厂化育苗、智能调控、储藏冷链等先进设施技术与装备，提高农业生产精细化、自动化、智能化水平"。有了国家对农业科技创新的大力扶持，设施农业迎来了前所未有的发展机遇。

正压温室作为一种新型温室结构，以其独特的正压通风系统和智能化环境控制优势，在保障作物生长环境稳定、提高生产效率方面展现出巨大潜力。然而，当前正压温室在通风系统、肥水管理等方面仍存在技术瓶颈，制约了其推广应用和实际效果。特别是在水肥灌溉方面，我国农业平均单位用水量和用肥量远超世界平均水平，不仅造成资源浪费，还加剧了环境污染。

本研究致力于正压温室及其水肥循环系统关键技术研究与装备开发，旨在通过技术创新，突破现有技术瓶颈，构建更加高效、节能、环保的温室生产环境，为设施农业的可持续发展提供有力支撑。

一、研发目的及意义

（一）研发目的

2023年6月，农业农村部、国家发展改革委、财政部和自然资源部联合印发的《全国现代设施农业建设规划（2023—2030年）》指出，我国设施农业发展的重点任务之一是要"建设以节能宜机为主的现代设施种植业""推行智能化管理"。同时，《规划》提出，要"加快与设施结构、栽培方式相配套的国产化智慧温室生产管控系统建设，结合作物生长模型对光照、温湿度等环境因子、综合能耗等进行精准自动调控"；"南方地区重点建设连栋塑料大棚育苗生产设施。配套自动育苗装备。集成推广自动化播种线、全自动嫁接机、自动分级移栽机、催芽室、愈合室等工厂化育苗装备，实现育苗全程自动化作业管理。加强环境精准调控。配置室外气象站、室内环境传感器、种苗长势视频监控系统等数据采集设备，以及补光、电动开窗、电动卷帘、二氧化碳施肥等环境控制系统，实现温室大棚光温水等环境自动调控"。

目前，我国设施种植业虽然具备一定规模，但存在布局不够合理、装备较为落后等问题，中小拱棚和塑料大棚等面积占比70%以上，传统设施农业耗能大，机械化、智能化水平普遍较低。同时，我国设施类型多为全封闭式的负压温室，这种温室结构虽具有封闭性，但在夏季却难以实现有效的自然通风降温，容易形成高温高湿环境，不利于植物生长。此外，我国设施农业灌溉施肥方式仍比较落后，摆脱不了"大水大肥"的做法，灌溉水有效利用率仅为40%～50%，生产管理多依赖经验，水肥用量过多，这些因素严重制约了我国设施农业的快速发展。

在此背景下，四川在《"十四五"现代农业装备推进方案（2021—2025年）》中也明确指出，"要推进经济作物、养殖、设施农业、农产品加工等机械化""积极应用工厂化育苗、智能调控、储藏冷链等先进设施技术与装备，提高农业生产精细化、自动化、智能化水平"。截至2022年，四川设施蔬菜播种面积138.6万亩，设施水果栽培面积54.5万亩，但农业设施主要为塑料钢（竹、水泥）架大棚（约

90%）和简易中小拱棚（约7%），抗自然风险能力弱，设施水平低、环控能力差，难以满足建设农业强国的需要。值得注意的是，四川低山丘陵地区光热资源充足，昼夜温差大，是建设特色作物种苗优势区域，也是发展设施农业的优势区域。

正压温室（又称"半封闭"温室）作为一种新型温室，具有环境条件均匀、可控性高、通风率低和高效节能等特点。然而，我国在正压温室设计方面主要靠国外企业提供技术支持，国内自主设计能力还有待提高。在水肥循环系统研究方面，我国大多还处于理论研究阶段，尚未形成成熟的产业链，对于包括对基质排液进行收集、过滤、消毒、循环再利用的封闭式循环灌溉系统方面的研究和应用则更少。2020年，西南地区首个正压温室在四川南充建成，其全套技术引自法国瑞奇集团，四川缺乏在正压温室及其水肥循环系统等方面的研究，相关技术在设施农业方面的应用也很少。

开展正压温室及其水肥循环系统关键技术的研究与装备开发具有重要意义。一是有助于提高设施环控精准性。正压环境下有助于维持温度的均匀性，减少设施内冷热不均的现象，更有利于设施内湿度、CO_2 浓度等环境因子的稳定控制。同时，水肥循环系统的应用，有利于维持水肥的均衡供应，实现对植物生长所需的温光水气肥的精准控制。二是能够提高设施生产效能。在设施内温光水气肥的精准控制提高水资源和肥料的利用率、减少浪费的同时，还能降低农业生产过程中的能源消耗和废弃物排放，从而降低生产成本，促进农业可持续发展。此外，正压环境的构建能够有效阻挡外部害虫侵入，显著降低病虫害发生概率，不仅有助于降低农业生产成本，而且能够显著提升食品安全水平。三是正压温室等基础设施的建设，对于以丘陵低山地带为主的特色作物种苗优势区域的发展起到了积极的推动作用。通过优化生长环境、延长作物生产周期、有效防控病虫害，不仅能够提高作物产量和品质，还能促进农业技术创新，从而获得更佳的生产效益和经济效益，进一步推动特色作物种苗优势区域的建设与发展。

（二）研发意义

正压温室（半封闭温室）的关键核心是正压通风系统的设计，采用正压通风原理，集成加温、降温、除湿、消毒、CO_2 施肥等功能，形成智能化环境控制系统。可应用于钢架大棚、连栋温室、日光温室等设施内环境参数的智能化调控，能有效解决传统温室负压通风系统降温范围小、温湿度控制不精准均匀、能耗损失大、成本高的问题，从而推动四川丘陵山区农业设施的升级换代，使丘陵山区设施农业生产更加智能、高效、生态，产品风味更佳、质量更优、产量更高。

在水肥灌溉方面，我国农业平均单位用水量和用肥量远超世界平均水平，造成大量资源浪费和环境污染，尤其是设施废水的乱排滥放，导致面源污染严重。水肥循环系统的研究与应用，不仅能为设施农作物精准供应水肥，还能最大程度减少设施农业废水排放，有利于设施农业生产向绿色、健康、可持续方向发展。

设备完备配套是现代农业的显著标志。世界农业发达国家普遍将发展现代设施农业作为提升农业国际竞争力的重要举措，广泛应用先进要素，提高农业资源利用率、劳动生产率和土地产出率。加快建设现代设施农业，推动设施农业集约化、标准化、机械化、绿色化、数字化发展，以基础设施现代化促进农业农村现代化，是夯实农业强国建设基础的关键所在。

二、国内外研究现状及问题

（一）国外研究现状

1. 正压通风系统

在欧美等国家，应用正压通风原理的正压温室（半封闭温室）已经进入产业化生产阶段，其中，具有代表性的有荷兰 KUBO、BOM、VAN DER HOEVEN、Priva 等温室建造公司以及法国瑞奇集团。例如，荷兰 Priva 公司开发了基于 AI 算法的自适应正压通风控制系统，通过实时监测温室内外温差、湿度和 CO_2 浓度，动态调节送风量，节能效率提升 15%～20%。国外大量研究证实，正压通风降温系统在降温、增湿效果上优于负压通风系统，且更加节能。国外正压温室（半封闭温室）系统首部基本分为两种：一种是以风机盘管为首部，冷热源来自含水层蓄能技术、热泵技术或中央空调等，该类系统设备投资和后期运行能耗都较大，且对地理条件有一定要求；另一种是以湿帘蒸发降温提供冷源，这种系统更为经济，实用性更强，符合我国国情。

2. 水肥循环系统

国外水肥一体化技术发展较早，在发达国家已广泛应用于农业生产。目前，发达国家将计算机、微控制器、pH 值传感器、EC 值传感器相结合，并运用先进控制算法，实现对肥料用量的精准控制，形成了集设备生产、肥料配制、推广和服务于一体的完善技术体系。水肥一体化技术与物联网技术的融合，是发达国家农业水平持续提升的关键因素之一，也是推动现代化智能农业快速发展的重要驱动力。在设施农业生产大国荷兰，管理者通过对作物多年生长数据进行统计和分析，建立需肥模型，实现了精准施肥，并配套消毒设备，形成消毒、复配、环境控制相结合的营养液循环利用模式。

2019 年初，NETAFIM 公司发布新一代智能水肥机 Net Beat 耐碧特施肥机。该施肥机采用注入式施肥，提高了肥度精配，可实时监测 EC 值与 pH 值，同时，依托公司近 50 年农艺经验构建的作物模型，采用土壤多层水分、温度和作物动态生长模型优化灌溉控制策略，系统稳定性好。其数据采集和传输距离可达 10km，能将种植作物的相关信息实时传输至云端，以便跟踪作物生长状况并提供灌溉及施肥建议，是目前世界上较为先进的智能水肥机，但其成本较高，操作难度较大。RIDDER 公司对智能水肥机进行了轻型化优化，设计推出了 Ridder Hortijet 智能水肥机，设备采用立式泵，结构紧凑、体积小巧、适应管道压力范围广，可通过云平台进行远程操作，功能较完善，但存在检修较困难、控制系统延迟等问题。AHMAD U 团队开发了基于土壤、气候、温度等参数的农艺模型决策系统，集成了由土壤湿度、水质和作物水分状态实时传感器控制的作物数据库，可实现预测控制。ARSHAD J 等利用基于 GPS 的 LoRa WAN 传感器节点，开发了智能灌溉决策支持系统，该系统可与无人机喷药辅助策略相结合，借助热成像技术快速锁定病害作物，并通过无人机搭载喷药罐进行喷药处理。

总体而言，以荷兰、以色列、美国为代表的发达国家开发的基于物联网、云计算等现代信息技术的精准控制水肥一体化系统，其精准度和智能化程度较高，但存在兼容性差、数据调整难、制造成本高及维修不便等问题。

（二）国内研究现状

1. 正压通风系统

由于正压通风降温系统在国外发展良好，国内也开始逐渐引进、推广。2015

年，北京京鹏环球科技股份有限公司率先将正压温室的概念及项目引入中国，并开展了相关研究，2016年，首个具有自主知识产权的正压温室开始运行。之后，北京中农富通园艺有限公司和昆山市永宏温室有限公司相继开展了正压温室相关技术的研究。2020年，由四川省简阳市建川实业有限公司承建，成都市农林科学院提供技术指导，西南地区首个应用正压通风原理的正压温室在四川南充建成，建设面积20 000m^2，全套技术引自法国瑞奇集团，开启了西南地区正压通风降温技术的应用研究。

近年来，中国农业大学、江苏大学等国内高校均开展了正压温室技术的相关研究。但国内现有技术以及温室制造企业还处于样机试制、试验探索阶段，在技术研究和温室自主设计上均有待提升。

2. 水肥循环系统

我国水肥一体化技术的研究和应用与发达国家存在较大差距。前期，对于水肥一体机的研究主要集中在自动控制系统部分。如农业农村部规划设计研究院自主研发的碧绿凯水肥机，其EC调控误差不超过 ±0.1ms/cm，响应时间小于30s，但在灌溉管理方面，该机仍停留在自动化控制阶段，接口互融性差，数据获取能力不强。广东省现代农业装备研究所研究人员将蠕动泵应用于水肥机，通过主泵与蠕动泵进行组合与创新设计，利用两者精度控制水肥药的配比精度，经计算，蠕动泵流量控制精度达94.89%，主泵流量控制精度可达96.69%以上，同时，设备搭载pH、EC传感器，可对水肥液浓度进行监测与反馈调节，EC与pH的调控误差分别为0.68%、1.42%。但该设备智能化程度一般，无法识别外界环境因素，同时流量过小，难以满足大田灌溉需求。

近年来，在国家政策支持、巨大市场需求以及农业现代化快速发展的推动下，我国水肥一体化技术逐步更新改善，发展重心逐渐转向建设以物联网技术为中心的水肥一体化物联网平台。中国农业科学院、浙江大学、吉林大学、北京农业信息技术研究中心等科研机构均采用传统试验方法开展了基于光合有效辐射积累、蒸腾量、土壤水分监测的单因素或多因素耦合水肥灌溉控制模型研究，基本实现了"感知—分析"能力。但这些模型大多存在处理外界环境信息能力较弱、稳定性差、精度低等问题。

四川水肥一体化技术的应用主要集中在果蔬类经济作物，四川省农业科学院在中江仓山综合示范基地，采用滴灌水肥一体化技术完成了50余亩水肥一体化管理管网系统建设和200余亩玉米喷灌作业系统的提升改造，同时集成了粮油作物的水肥协同、高产栽培和农田管理信息化等多项现代农业高新技术。但四川在水肥一体化技术应用方面仍需要进一步提高水肥利用效率。

现阶段，我国水肥循环技术与欧美国家相比仍有较大差距，水肥智能系统存在决策系统不稳定、综合外界环境信息能力差、易受外界环境干扰、监测精度低、数学模型不确定、存在反馈延迟等问题。

三、技术研究

（一）技术路径探索

以丘陵低山地区的光热资源优势和气候特点为基础，针对传统温室通风系统和施肥方式存在的问题，分别开展正压通风系统和水肥循环系统研究，最终实现智能化、数字化正压温室技术集成，从而推动以丘陵低山为主的特色作物种苗优势区建设，促进现有农业设施升级换代。正压温室及其水肥循环系统研究路径如图1所示。

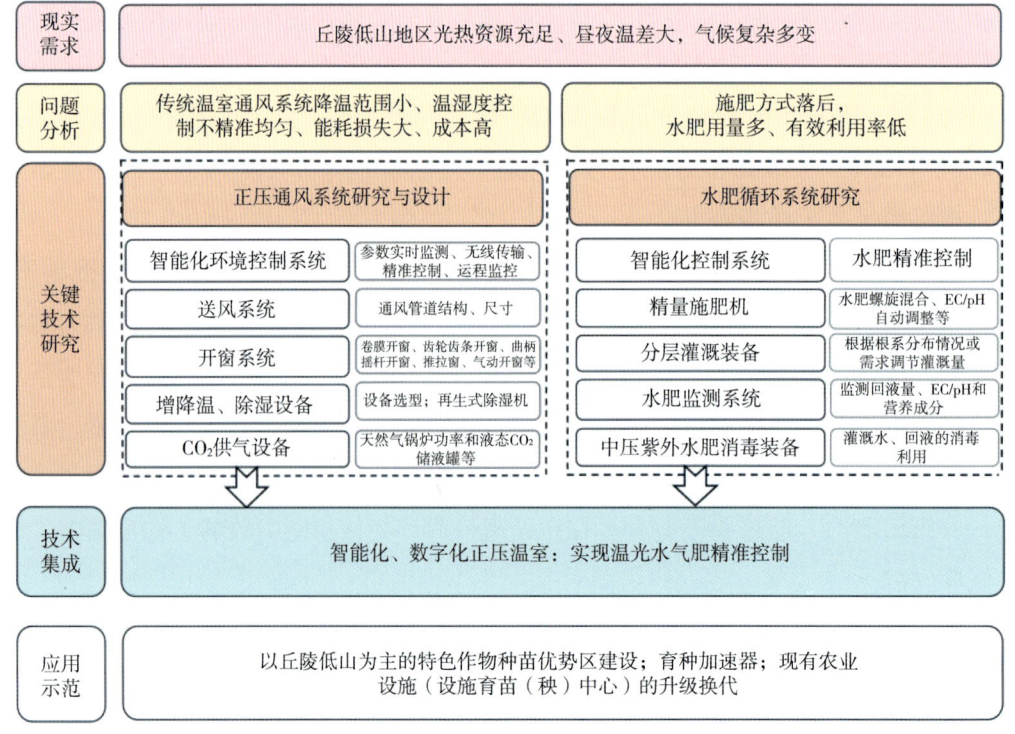

图1　正压温室及其水肥循环系统研究技术路线图

（二）关键技术研究

1. 正压通风系统的研究与设计

包括智能化控制系统、送风系统（气候室、管道风机、送风管）、开窗系统（气候室开窗系统、顶部开窗系统）、加温设备、降温设备、除湿设备、CO_2供气设备等系统和装备（图2）的研究与设计。

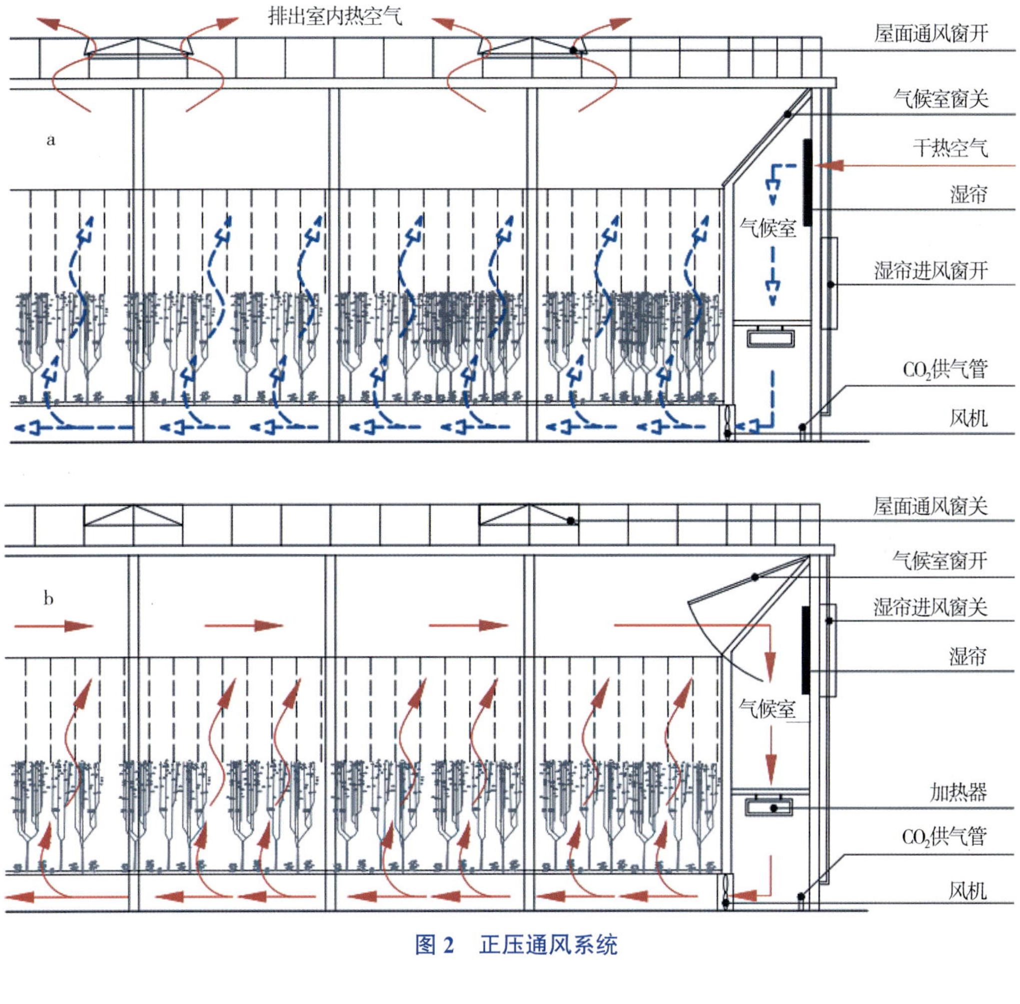

图 2　正压通风系统

（1）正压温室智能化环境控制系统

与传统温室相比，正压温室在环境控制方面具有一定优势：能更精确地控制温度、湿度和CO_2浓度；具有正压特征，不易发生病虫害；采用风道快速送风可使温室内部条件更均匀。常规文洛温室的通风率为20%～30%，而正压温室通风率仅10%左右，且因其窗户较少，提高了CO_2和热能的转换率，节能效果显著。

针对当前国内温室环境采集装置发展不成熟，大多数温室仍依赖温室内复杂布线来监测环境参数，环境参数控制单一、布置复杂以及智能化水平低下等现状，需要研发适用于正压温室，并具备可靠性、低功耗性和扩展性，同时集环境采集节点、设施控制节点、汇聚网关节点和远程监控平台于一体的物联网温室监控系统，支持温室内各类环境参数实时监测、无线传输、精准控制、远程监控等功能，以充分发挥正压温室在环境控制方面的优势。

（2）送风系统研究

正压温室通风系统设计时，需要重点考虑炎热夏季温室通风降温所需的通风量，以确保能够为温室内作物生长区域提供充足且均匀的气流，使温室内所有作物生长保持环境一致。此外，还应注意避免作物受到过热或过冷空气的影响，并确保植物冠层内有气流流动，以加强叶片表面的空气交换。

正压温室通风部件包括湿帘、气候室、风机、通风管、循环窗以及通风窗。其中，通风管为多孔管，影响管道内压力与流速的因素主要有通风管的直径、通风管入口空气流速、通风管上出风孔的大小、数量以及形状。气候室宽度与通风管尺寸是影响正压温室通风性能的主要因素，搭建整个送风系统的CFD（计算流体动力学）模型，需要着重对气候室和通风管道的结构和尺寸进行研究和设计。

（3）开窗系统研究

传统温室覆盖材料有塑料薄膜、PC板、浮法玻璃等多种材料，顶部不一定设有开窗通风部分。要改进传统温室，使其实现正压通风和气体内循环，就需要增加顶部开窗和气候室开窗部分，构建完整的正压温室开窗系统。针对不同构造的温室，通过对卷膜开窗、齿轮齿条开窗、曲柄摇杆开窗、推拉窗、气动开窗等开窗机构的研究，形成针对各类传统温室的正压通风开窗系统升级改造方案。

（4）加温设备选型

研究加温设备的热量来源和供给方式。热源可以是来自锅炉或其他换热设备的热水或蒸汽，也可以是直接用电对空气进行加温后的热风。热量供给方式有两种：一种是对气候室内空气进行整体加温，风机从气候室内抽取热空气送入作物区的均匀送风管道；另一种是在送风风机进气口前对吸入风机的空气进行局部加温。气候室内空气整体加温的方法主要是在气候室内均匀布置光管散热器和圆翼散热器，或布置其中一种，向其供应热水或蒸汽即可。通过对加热设备安全性、操作性和适配性的研究，为不同地区的不同温室选择不同的加热设备，形成正压温室加温设备选型指南。

（5）降温设备选型

正压温室的降温设备一般以湿帘为主、空气调节器等机械降温设备为辅。由于空气调节器等机械降温方式成本过高，一般情况下较少安装该类设备。湿帘的布置形式有两种：一种是安装在温室的外侧墙面上，另一种是安装在气候室内独立的湿帘箱箱体上。对于冬季比较寒冷的地区，为增强温室的保温效果，可在温室外墙外侧增设缓冲走廊，湿帘仍设置在温室的外墙上，但需要在走廊外墙上设置进风口，以确保湿帘运行中能直接引入室外新鲜空气。为保证湿帘在非运行期间进风口的密封性，应在湿帘外侧安装可开闭的通风窗，湿帘运行时开启，湿帘停运时关闭。为减小走廊面积以节约用地，湿帘窗多采用上下启闭的提拉窗，走廊墙面的进风口则采用成本较低的卷膜通风窗。通过对几种形式降温设备适用性、搭建成本、降温效果的研究，可为不同地区、不同类型温室设计不同的降温设备搭建方案，形成正压温室加温设备建设方案。

（6）除湿设备研究

温室内部环境封闭，受植物蒸腾作用、土壤水分蒸发、覆盖材料冷凝等因素影响，温室内部容易产生湿度过高的问题。高湿度环境利于有害霉菌繁殖，将严重影响作物产量和品质。通风除湿是最有效、简便的除湿方法，但会影响整个温室的温度环境，不利于作物的生长，而静电、充氮、压缩等除湿方法存在治标不治本、成本高、难以实施等缺点。因此，应在温室内部布置湿度传感器，采用再生式除湿机对温室内部进行智能化除湿，研究该除湿方式的合理性和有效性，为温室除湿提供新的技术和装备。

（7）CO_2 供气设备

在正压温室中，CO_2 气体将直接输入送气管道，对温室内 CO_2 浓度进行调控。适度增加 CO_2 浓度可以提高作物的产量和品质。目前，针对温室 CO_2 供给设备容量设计缺乏相关理论和设备配置的相关规范，在分析 CO_2 恒定浓度控制模型、低浓度控制模型、恒定供气流量控制模型的基础上，以天然气锅炉的回收烟气和液态 CO_2 为气源，研究以 CO_2 供应为目标的天然气锅炉功率和液态 CO_2 储液罐容积计算方法，以此为依据选择 CO_2 供气设备，形成选型指南。

2. 水肥循环系统研究

现有生产型日光温室灌溉普遍采用沟灌，或直接利用管道进行输水灌溉，营养施用则采用复合肥随水冲施方式，缺乏精确调控手段，水肥利用率低、环境污染严重。针对水肥精准控制、水肥高效利用、水肥循环利用，开展智能化水肥循环系统的研究。

（1）水肥智能化控制系统

目前，一些灌溉决策指标的研究聚焦于适宜灌溉阈值对作物生长、产量和品质的影响方面。虽然不同研究中的灌溉决策有着一定的参考作用，但不同品种和地区的灌溉阈值不尽相同，大多数灌溉决策的建立依赖于特定土壤的田间持水量，对其他地区和土壤环境下的农业生产难以提供可靠有效的参考。因此，选择搭建灌溉液监测、土壤（基质）监测和回液监测传感器组，精确获取配肥、灌溉和回液的变化过程，搭建作物生长与水分、EC/pH 的数学模型，研究水肥智能化控制的决策方式，以达到提升水肥控制精度的目标。

（2）水肥循环利用精量施肥机

大部分水肥一体化设备采用文丘里射流器施肥，由于文丘里射流器的进出口水压较难保持恒定，会使吸肥不均匀，从而影响施肥的均匀性和稳定性。在农业生产中，作物生长对 pH 值和 EC 值有一定要求，这也是目前水肥一体化设备需要控制的两个最关键指标，由于它们的控制非线性，以及管道传输和文丘里射流器不稳定等因素带来的严重滞后性和不确定性，使目前设施水肥机配肥精度低、出肥均匀度差。在具备水肥循环利用条件的温室中，由于水肥回液成分复杂多变，需要搭建回液池，并对每一批次的回液进行监测分析后再进行配肥。针对以上水肥一体化技术中需要解决的棘手问题，同时为保障水肥循环利用时的配肥精度，可探索水肥螺旋混合、EC/pH 自动调整等技术在精量施肥机上的应用，创制一种水肥混合均匀、EC/pH 控制稳定的水肥机。

（3）分层灌溉装备

水肥系统通过灌溉器向作物供应灌溉水或水肥，灌溉器的结构设计决定了水肥在土壤中的分配情况。为提高水分利用率，应在有限水资源条件下，尽可能提高根系密集区处的灌溉量。目前，水肥机分层灌溉的实施可通过分层灌溉器实现，常采用多土壤层埋管滴灌的方法，该方法涉及滴灌管道多层深埋，存在搭建与维护成本高和费时费力等缺点，而且，一种间距的深埋方式只适用于根长在其润湿范围内的作物，若对不同根系长度的作物进行灌溉，则需要重新埋管，通用性较差。为克服以上缺点，更好地实现分层灌溉，可通过对多平行灌溉口的灌溉器进行 CFD 分析，创制一种能够根据根系分布情况或需求对各种植层的灌溉量进行调节的分层灌溉器，以降低分层灌溉的搭建与维护成本。

（4）智能化水肥监测系统

为保证灌溉液 EC/pH 值的稳定性，项目拟在施肥机配肥完成后进行一次灌溉液监测，监测包括 EC/pH 值和灌溉量，并将数据反馈给智能控制系统进行配肥调整。同时，针对应用无土栽培技术的温室，搭建水肥回收管道，收集水肥回液，通过对回液量、EC/pH 值和营养成分的监测，结合灌溉液数据，可以精准分析作物根际状况，明确作物对水肥的吸收情况，为水肥循环系统配肥决策提供数据支撑。

（5）中压紫外水肥消毒装备

目前，大部分水肥系统并未配备消毒设备，但在正压温室、无土栽培温室等设施内，特别是在应用循环水肥系统时，水肥中会滋生更多病毒和细菌，极易造成作物病害。可应用中压紫外线技术，开发一种中压紫外水肥消毒装备，利用其高强度紫外辐射原理，直接破坏病毒和细菌 DNA，保护作物免受病菌侵害。系统不仅可对灌溉用水进行消毒，也可对回收再利用的回水进行彻底消毒，有助于节约肥料和降低生产成本。

（三）应用场景构建

以促进丘陵低山为主的特色作物种苗优势区建设为目标，针对不同温室设计正压通风系统，安装相应规格的高压大流量变速风机和长距离风道一体化装置，实现快速送风和空气混合均质化。配备适合的空气混合窗（卷膜开窗）、湿帘蒸发降温系统、加温设备、除湿设备和 CO_2 供气设备等，对空气进行搅拌混合，实现空气温度、湿度和 CO_2 浓度的均质化和精准调控。监测系统实时监测温室内部环境参数，如温度、湿度、CO_2 浓度等，并根据作物生长需求进行自动调节。

根据温室等设施需求，设计封闭式水肥一体化系统，包括水源、首部枢纽（水泵、过滤器、施肥器等）、输配水管网和灌水器等部件。根据作物需水规律和土壤墒情，制订科学的灌溉和施肥计划。通过控制系统实现定时、定量、定比例的灌溉和施肥。配备高效过滤器和杀菌设备，确保灌溉水质的安全和卫生。利用智能化水肥监测、精量配肥、分层灌溉等技术和装备，实现肥液的精确配比和输送。

综上所述，温室正压通风系统和水肥循环系统的应用场景构建需要根据作物的生长需求和生产环境综合考虑。通过科学的设计和配置，构建出高效、节能、环保的温室生产环境，有助于提高作物的品质和产量，降低生产成本，实现经济效益的最大化，为现代农业的发展提供有力支持。

四、下一步发展趋势及建议

节能控制技术和水肥、环境控制技术的融合，是温室未来的发展方向，同时，结合自动化、智能化技术，发展立体化种植、推广无土化栽培、推行智能化管理，以实现节能宜机、低碳和可持续发展。

（一）深化布局规划

开展四川设施农业发展现状和需求调研工作，针对四川设施农业的发展现状与实际需求，开展全面调研，科学编制四川省设施农业发展规划。分区域、分批次开展传统优势产区、现有设施育苗（秧）中心等设施改造优化提升，改造棚型结构，促进新型设施装备、技术的研产推用。

（二）紧密协调推动

积极推动有关规划和政策出台，强化重点项目储备管理，密切跟踪并调度项目落实进展，统筹研究解决规划实施中遇到的突出问题。制定四川省设施农业建设实施方案，明确项目组织执行与跟踪调度职责，深化与地方政府及相关职能部门的协同合作，推动将"发展设施蔬菜"纳入"菜篮子"市长负责制考核，强化资金、技术、政策落实，确保规划顺利实施。

（三）加大政策支持

实施设施农业贷款贴息奖补政策，充分利用农业生产相关项目资金渠道，为设施农业发展提供有力支持。鼓励金融机构开发设施蔬菜专属金融产品，为设施生产主体提供便捷的信贷直通车服务，并对权属清晰的温室大棚设施装备等设施装备开展抵押贷款业务。强化用地政策保障，指导设施种植大县编制年度设施用地进出平衡总体方案，建立完善非耕地发展设施农业的用地管理制度，不断完善设施农业用地保障机制。

（四）强化科技创新引领

构建完善的设施农业科技创新体系，依托国内外科研院校等平台，聚焦设施专用品种选育、新型设施结构及材料研发、绿色高效生产技术研究、采后处理技术研究、设施智能装备研发、病虫害防控等关键领域，融合人工智能、机器学习等新一代信息技术和工业智能装备，开展跨学科协同攻关，突破设施农业高质量发展的重大关键技术瓶颈与共性难题。

（五）优化指导服务

围绕设施种植生产、加工、流通等全环节，完善标准、技术、信息等配套服务，深入实施种植业"三品一标"提升行动，推动设施农业生产标准化。组织蔬菜专家指导组、蔬菜产业技术体系专家等，分区域、分类型编制蔬菜设施推荐构型图集，集成示范"小棚变大棚"等改造升级措施，配套以宜机化为导向的栽培技术模式。组建由省级决策部门、高校、科研院所和企业人员构成的专家技术团队，开展技术培训指导，提升设施生产管理水平。结合高素质农民培育计划、农村创业创新带头人培育行动等，加强设施农业经营管理人才培养，推动社会化服务体系的发展。

（六）强化产销衔接

完善市场体系布局，依托县城与重点镇，科学规划建设一批产地冷链集配中心、批发市场及集散市场，提升设施农产品的商品化处理水平。创新农产品营销方式。大力发展农村电商，鼓励大型电商平台下沉到农村市场，引导物流、商贸、供销等各类主体到乡村布局，促进设施农产品顺畅销售。支持设施农业优势产地、农产品加工基地与生鲜电商的深度合作，发展冷链储运、连锁经营、直采直供等新型营销模式。拓宽销售渠道，借助中国国际农产品交易会、网络购物节等平台，打造一批品质过硬、特色突出、竞争力强的区域公用品牌、企业品牌和产品品牌，确保优质设施农产品优质优价。

（七）加强宣传引导

深入总结和挖掘各地市州推进设施农业发展的经验做法，及时宣传解读创新案例，推广典型经验和适用工艺技术模式，发挥示范引领作用。充分利用报纸、电视、网络等多种媒体资源，借助中国农民丰收节、中国国际农产品交易会等平台，加强正面宣传引导，营造有利于设施农业高质量发展的良好社会氛围。

丘陵山区农产品冷链物流关键技术研究与装备开发

万 勇　赵一霁

在乡村振兴战略稳步推进、居民对农产品品质要求持续攀升的当下，农产品冷链物流的重要性愈发凸显。作为农业产业链的关键一环，冷链物流直接关系农产品的质量安全、市场竞争力以及农民的经济收益。四川作为农业大省，丘陵山区面积广袤，特色农产品丰富多样，如高山蔬菜、特色水果等。然而，受地形复杂、基础设施薄弱等因素制约，该区域农产品冷链物流发展滞后。农产品在冷链环节腐损率居高不下，不仅造成巨大经济损失，还限制了特色农产品的市场拓展。如何突破这些瓶颈，构建高效、完善的冷链物流体系，成为亟待解决的关键问题。本报告聚焦四川丘陵山区，深入研究农产品冷链物流关键技术，全力开发适配装备，旨在填补该地区冷链技术与装备的空白，推动农业产业现代化发展，为解决丘陵山区农产品冷链物流困境提供切实可行的方案与思路。

一、研发目的及意义

（一）研发目的

紧密围绕丘陵山区农产品冷链物流发展需求，着力攻克冷链环节技术难题，积极开发适配装备。具体目标如下：提升产地预冷效率，让采摘后的农产品迅速进入低温环境，减少品质损耗；优化冷链运输与存储的温湿度精准控制技术，降低腐损

率；研发绿色、节能、智能且便于移动安装的冷链装备，解决山区地形复杂、基础设施薄弱导致的建设难题；构建冷链物流数据管理体系，实现数字化监控与管理，提高运营效率和效益。

在农产品预冷环节，针对水果、蔬菜、肉类等不同农产品，研发高效预冷技术与设备，设计个性化方案，快速将农产品温度降至适宜储藏温度，抑制呼吸作用、微生物生长和酶活性，延长保鲜期。在冷链运输与存储方面，改进制冷系统，优化保温结构，研发智能温湿度控制系统，精准调控温湿度，严控温度波动，满足农产品对温湿度的严格要求，减少变质损耗。

在冷链装备研发上，结合丘陵山区地形特点与使用需求，采用轻量化、模块化设计，方便设备在山区运输与狭小场地安装。利用太阳能供能，实现绿色节能。融入智能化技术，实现远程监控、故障诊断与自动调节，提升设备运行可靠性与管理效率。

（二）研发意义

从经济层面看，有效降低农产品在冷链物流中的腐损率，减少经济损失，保障农户和农产品企业的收益。提升丘陵山区特色农产品的市场竞争力，拓展销售范围和渠道，促进农产品附加值提升，推动当地农业产业经济发展。在社会层面，保障农产品质量安全，为消费者提供新鲜、优质的农产品，提升居民生活品质。创造更多就业岗位，涵盖冷链设备维护、物流管理、农产品加工等领域，助力乡村振兴和社会稳定。在产业发展方面，填补丘陵山区农产品冷链技术与装备的空白，完善农业产业链条，促进冷链物流产业与当地农业深度融合，推动农业现代化进程。

提升丘陵山区特色农产品的市场竞争力，也是本研究的重要意义之一。在当今市场环境下，消费者对农产品的新鲜度和品质要求越来越高。通过完善冷链物流体系，能够使丘陵山区的特色农产品（如高山蔬菜、特色水果等）以更好的品质进入市场，不仅可以拓展销售范围，将产品销售到更遥远的地区，还能提高产品价格，实现农产品附加值的提升。这将进一步推动当地农业产业结构调整，促进农业产业向规模化、集约化方向发展，推动当地农业产业经济发展。

在社会层面，保障农产品质量安全是关系人民群众身体健康的大事。完善的冷链物流体系能够有效减少农产品在运输和存储过程中的污染和变质，为消费者提供新鲜、安全的农产品，提升居民生活品质。同时，随着冷链物流产业的发展，将创造大量的就业机会。从冷链设备的生产、安装和维护，到物流运输、仓储管理，再到农产品的加工和销售，都需要大量的专业人才。这将为当地居民提供更多的就业选择，促进农村劳动力转移就业，增加农民收入，助力乡村振兴战略的实施，维护社会稳定。

从产业发展角度来看，填补丘陵山区农产品冷链技术与装备的空白，对于完善农业产业链条具有重要意义。冷链物流作为农业产业链的重要环节，其发展水平直接影响着整个产业链的效率和效益。通过研发适合丘陵山区的冷链技术和装备，能够加强农产品生产、加工、运输、销售等环节之间的衔接，提高产业链的协同效应。同时，也将促进冷链物流产业与当地农业的深度融合，推动农业现代化进程，实现农业产业的可持续发展。

二、国内外研究现状及问题

（一）国外研究现状

以美国、日本为代表的农产品冷链发达国家，在冷链物流领域发展成熟。美国冷链基础设施完备，行业专业化分工细致，依托规模化生产和强大的 B 端市场需求，实现高效运营。其冷链技术向自动化、信息化深度发展，利用先进的传感器、自动化设备和大数据管理系统，对冷链全过程进行精准监控与管理。美国的大型农业企业在农产品生产基地配备了先进的预冷设备，能够在采摘后迅速对农产品进行预冷处理，有效降低农产品的初始温度。在运输环节，采用智能化的冷藏运输车辆，通过 GPS 定位系统和温度监控设备，实时掌握车辆位置和货物温度，确保冷链不断链。在仓储方面，建设了大规模的自动化冷库，利用自动化货架和分拣设备，实现货物的快速出入库和高效存储管理。

日本则凭借精细化的冷库管理闻名，严格划分冷库温度带，机械化和信息化水平高，近年来大力推进绿色节能和智能化技术应用，如采用环保制冷剂、智能能源管理系统等。日本的冷库根据不同农产品的储存要求，将温度精确控制在不同的区间，例如，对于新鲜蔬菜，冷库温度控制在 0～5℃，对于肉类产品，则控制

在 –18℃以下。在冷库管理中，广泛应用自动化设备和信息化系统，实现对货物的自动存储、检索和盘点，提高冷库运营效率。同时，日本积极推广绿色节能技术，采用二氧化碳等环保制冷剂替代传统的氟利昂类制冷剂，减少对环境的污染。利用智能能源管理系统，根据冷库的实际运行情况，自动调整设备运行参数，降低能源消耗。

但这些国家的技术和模式多基于其自身发达的基础设施和大规模农业生产特点，对于地形复杂、农业经营分散的丘陵山区，可直接借鉴的经验有限。美国的大规模农业生产模式需要大面积的土地和高度集中的农业产业布局，而丘陵山区土地分散，地形起伏较大，难以实现大规模的机械化作业和集中式的冷链设施建设。日本虽然在精细化管理和绿色节能技术方面有很多值得学习的地方，但由于其农业生产规模相对较小，且基础设施建设水平较高，对于丘陵山区基础设施薄弱、交通不便的现状，其技术和模式的适应性也存在一定的局限性。

（二）国内研究现状

国内农产品冷链处于快速发展阶段，但存在发展不均衡问题。在平原和经济发达地区，冷链物流体系相对完善，技术应用较为先进。这些地区建设了大量现代化的冷库，配备了先进的制冷设备和自动化管理系统，能够实现对温湿度的精准控制和货物的高效管理。在运输环节，采用了专业化的冷藏运输车辆和多式联运模式，提高了运输效率和冷链的可靠性。同时，利用信息化技术，实现了对冷链全过程的实时监控和数据管理，提高了运营管理水平。近年来，以北京市农林科学院刘升研究员为代表的科研团队在压差预冷装备研制上取得了较大进展，相继研制出分体式、一体式压差预冷装置，高湿变风量压差预冷装置，双温区压差预冷装置，近年来又发明了压差预冷和冷藏一体化装置，在研究和生产实践上都有较大突破。

然而，丘陵山区受地理条件限制，冷链发展滞后。当地冷库建设规模小、分布零散，且多为传统简易冷库，温湿度控制精度差，缺乏自动化和智能化设备。许多冷库仅依靠简单的制冷设备维持低温，无法对温度和湿度进行精确调节，导致农产品在存储过程中容易受到温度波动和湿度变化的影响，从而缩短保鲜期，增加腐损率。预冷技术应用普及率低，多数农产品未经有效预冷就进入流通环节。这使得农产品在运输和存储过程中需要消耗更多的能量来降低温度，同时也增加了农产品变质的风险。四川地处我国西南内陆，农产品在向外运输的过程中，面临运输里程长、运输成本高的难题。研究显示，冷链物流比常温物流成本高出 40%～60%。目前，四川省内已建成多个冷链物流中心，截至 2021 年底，成都已建成农产品仓储保鲜冷链仓近 5 000 个，总容积 692 万 m³，总容量约 188.8 万 t。四川省农业机械科学研究院、四川农业大学等在农产品保鲜技术方面取得了一定的研究成果，开发了一些新型的保鲜剂和保鲜包装材料，能够有效延长农产品的保鲜期，如四川省农业机械科学研究院成功研制出多种适用于丘陵山区果园和蔬菜种植基地的冷链装备。

但总体来说，在冷链保鲜领域，我国丘陵山区仍缺乏适宜的专用装备，导致物流效率低下、成本高昂。鉴于山区道路的崎岖不平、弯道众多以及坡度较大等特点，常规的冷藏运输车辆难以适应此类复杂路况，进而影响了运输速度，延长了运输时间，增加了农产品在途中的损耗率。与此同时，由于缺少适应山区地形的专业冷链运输设备，如适用于山区的小型冷藏车、保温箱等，使得农产品在短途运输和配送环节的冷链需求得不到有效满足。

三、技术研究

（一）技术路径探索

针对丘陵山区特点，首先在能源利用上，探索以太阳能为主的冷链供能技术路径。研究压缩机对太阳能光伏板最大功率点跟踪、电源混合输入输出等技术问题，为冷链设备提供稳定电力。同时，研发智能太阳能充电控制器，实现对太阳能电池板输出电能的高效管理和存储，确保冷链设备在夜间或阴天也能正常运行。

在制冷技术方面，研究农产品高效预冷，优化改进压差预冷技术，减少压差预冷能耗，提高预冷效率。同时，开展冷库温度精准控制技术研究，利用蓄冷板稳定库温，减少温度波动对农产品冷链保鲜的负面影响。

在设备设计上，注重轻量化、模块化和通用性，采用新型材料和结构设计，便于在山区运输和安装。选用高强度的材料和轻量化设计，减轻设备重量，降低运输难度。采用模块化设计理念，将冷链设备分解为多个独立的模块，每个模块在工厂进行预制，现场只需要进行简单组装，提高安装效率。

（二）关键技术研究

1. 太阳能移动预冷库技术

重点攻克太阳能光伏发电驱动制冷技术，解决压缩机对光伏发电最大功率点跟踪难题，实现高效的光电转换与制冷匹配。通过研究光伏发电的特性和压缩机的工作原理，开发最大功率点跟踪（MPPT）算法，使太阳能电池板始终在最大功率点附近工作，提高太阳能的利用效率。优化预冷库结构和光伏板支架设计，使其便于拆装运输，适应山区果园和农田的分散布局。采用折叠式光伏板支架和可拆卸的冷库结构，方便在不同地点进行安装和移动。研究热氟融霜、电子膨胀阀和远程监控一体化技术，实现设备的智能化运行和远程管理。热氟融霜技术能够快速、有效地清除冷库蒸发器表面的霜层，提高制冷效率；电子膨胀阀可以根据冷库内的温度和压力变化，精确调节制冷剂的流量，实现精准制冷；远程监控系统则可以通过手机或电脑远程查看冷库的运行状态，如温度、湿度、设备故障等信息，并进行远程控制。

2. 增程式移动预冷库技术

研发翅片式蒸发器和蓄冷板协同工作的热交换技术，利用蓄冷板热传递均匀性好的特点，实现库内小温差热传递，提高预冷效果和温度均匀性。通过实验研究不同结构和材质的翅片式蒸发器和蓄冷板的热交换性能，优化设计参数，提高热交换效率。通过实验研究顶置蓄冷板对库内温度分布和波动的影响，优化冷库内部结构和气流组织设计。在冷库顶部安装蓄冷板，利用其蓄冷能力，在制冷系统停止工作时，继续为冷库提供冷量，减少库内温度波动。同时，优化冷库内部的风道设计，使冷空气能够均匀地分布到库内各个角落，提高温度均匀性。

3. 快速装配式移动预冷库技术

创新研发热氟融霜、电子膨胀阀、远程监控集成的一体机技术，实现制冷机组现场免安装调试。将热氟融霜系统、电子膨胀阀和远程监控系统集成到一个一体机中，在工厂进行调试和测试，确保设备到现场后能够直接安装使用，减少现场安装和调试的时间和工作量。采用新型装配式库板材料和连接工艺，提高冷库的安装速度和密封性能，降低建设成本。

4. 农产品产地预冷—烘干一体智能装备技术

集成冷链高效预冷和高效烘干排湿技术，研究智能化控制算法，实现设备根据不同农产品种类和处理要求自动调节运行模式。通过对不同农产品的预冷和烘干工艺进行研究，建立相应的数学模型，开发智能化控制算法，使设备能够根据农产品的种类、初始温度、湿度等参数，自动调整预冷和烘干的时间、温度、湿度等参数。优化风道设计和排湿装置，提高预冷和烘干效率，减少能源消耗。采用合理的风道设计，使冷空气或热空气能够均匀地流过农产品，提高热交换效率。同时，研发高效的排湿装置，及时排出预冷和烘干过程中产生的湿气，加快处理速度，降低能源消耗。

5. 农产品生鲜冷链配送装置技术

研制适应农产品生鲜冷链配送需求的配送装置，解决生鲜产品在复杂环境下的恒温运输和自提问题。开发具有良好保温性能和减震性能的冷藏运输箱，采用高效的制冷系统和温度控制系统，确保运输过程中生鲜产品的温度始终保持在适宜的范围内。研发生鲜自助提货柜，利用接触式供电和智能风道降温技术，降低设备能耗和运营成本。生鲜自助提货柜采用接触式供电方式，为冷藏物流箱提供持续电力，确保箱内温度稳定。同时，通过智能风道降温技术，根据提货柜内的温度变化自动调节风道的开闭和风速，降低设备能耗。

（三）成果

成功研制出多种适用于丘陵山区的冷链装备，如太阳能移动预冷库（图1）在只采用太阳能供电工况下，能满足设计运行功率要求，对晚熟葡萄预冷效果良好，果心温度在规定时间内可降至目标温度。在实际测试中，太阳能移动预冷库在光照充足的情况下，全天稳定运行功率达到设计要求的95%以上，对晚熟葡萄进行预冷时，经过6.5h预冷，葡萄果心温度从室温降至0.5℃，有效抑制了葡萄的呼吸作用，延长了保鲜期。

增程式移动预冷库（图2）通过加装顶置蓄冷板，有效降低库内温度波动，提高温度均匀性。实验数据表明，加装顶置蓄冷板后，库内平均温度波动范围控制在±1.0℃以内，温度均匀性明显提高，为农产品的存储提供了更稳定的环境。

快速装配式移动预冷库（图3）实现了快速安装和高效运行，降低了建设和维护成本。在实际应用中，快速装配式移动预冷库的安装时间相比传统冷库缩短了50%以上，且设备运行稳定，维护成本低，受到了用户的广泛好评。

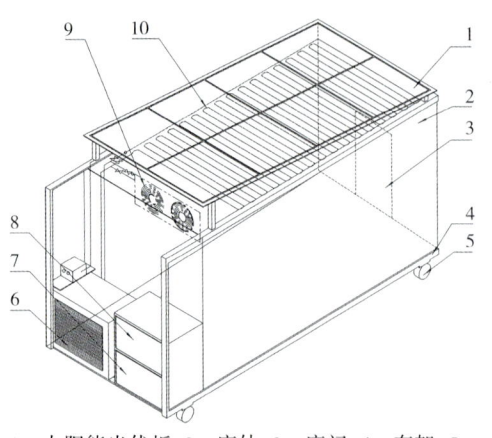 

1—太阳能光伏板；2—库体；3—库门；4—车架；5—车轮；6—制冷装置；7—蓄电池；8—控制器及逆变器；9—翅片式蒸发器及冷风机；10—蓄冷板。

图 1　太阳能光伏发电驱动的移动预冷库

图 2　增程式移动预冷库

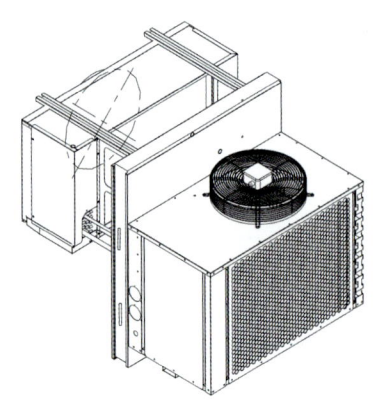 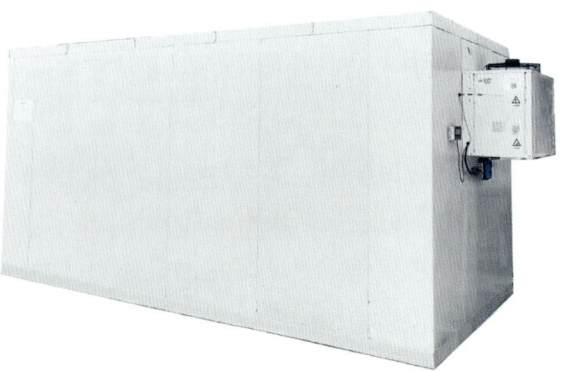

图 3　快速装配式移动预冷库

农产品生鲜冷链配送装置和自助提货柜（图4）有效解决了生鲜配送"最后一公里"难题，解决了生鲜产品冷链配送及自提问题，实现了生鲜产品全程恒温冷链配送，并可以通过温度选择开关切换制冷温度，解决了不同生鲜产品冷链配送的差异化温度需求。通过自助提货柜单元格内接触式供电插头和制冷物流箱快接插电板上的弹性触点，保证了制冷物流箱持续供电；设计了风道系统为制冷物流箱降温，防止在高温条件下存放于单元格内的制冷物流箱制冷设备能耗增加。同时，系统仅在制冷物流箱内存放有生鲜产品时才启动供电，从而实现了建设和运营成本的最大化节约。

图4　研制生鲜自助提货柜

（四）应用场景构建

1. 果园与种植基地

在丘陵山区的果园和蔬菜种植基地，太阳能移动预冷库和快速装配式移动预冷库发挥着关键作用，特别是在缺乏电源和基础设施的偏远地区。这些创新的移动冷库利用光伏发电和蓄冷技术，不仅实现了对冷链物流的高效管理，还能在缺电的情况下有效保持低温环境，延长食品的保鲜时间。以某丘陵山区的草莓种植基地为例，草莓采摘后极易变质腐烂，对预冷时间要求极高。太阳能移动预冷库可直接部署在种植基地内，其光伏板能充分利用山区充足的光照资源，将太阳能转化为电能，驱动制冷系统工作。采摘后的草莓在30min内即可被送入预冷库，通过精准的温度控制，在2~3h内将草莓温度从常温降至0~5℃，有效抑制了草莓的呼吸作用和微生物生长，延长保鲜期3~5d。而且，在草莓采摘淡季，太阳能移动预冷库还可调整温度作为恒温种植空间，用于培育对温度要求较高的花卉幼苗，提高设备的利用率。

快速装配式移动预冷库则凭借其安装便捷的优势，能迅速在基地内搭建起来。蓝莓种植园中，种植户在蓝莓成熟前一周，利用快速装配式移动预冷库的模块化组件，仅用1d时间就能完成冷库的组装。该冷库采用先进的聚氨酯夹心板，保温性能优异，配合热氟融霜和电子膨胀阀技术，能精准控制库内温度在1~3℃，湿度在85%~90%，为蓝莓提供了理想的预冷环境。预冷后的蓝莓在运输过程中的腐损率相比未预冷时降低了15%~20%，大大提升了经济效益。

2. 农产品集散地

丘陵山区的农产品集散地，例如乡镇的农产品交易市场，依靠增程式移动预冷库与大型冷链仓储设施的协同作用，可确保农产品的品质与稳定供应。增程式移动预冷库可作为临时存储和中转的重要设施，在水果收获季节，大量水果从周边种植户集中运输到集散地。增程式移动预冷库利用其翅片式蒸发器和蓄冷板协同工作的技术，能快速对水果进行降温处理，并保持库内温度稳定。例如，在运输过程中部分苹果温度有所上升，进入增程式移动预冷库后，通过蓄冷板释放冷量，能在短时间内将苹果温度重新稳定在适宜存储的范围，减少水果的损耗。

3. 乡村与城镇配送

农产品生鲜冷链配送装置和生鲜自助提货柜共同构建了从农产品集散地到乡村、城镇的冷链配送网络。配送装置的冷藏运输箱采用新型保温材料，保温性能良好，制冷系统能根据不同生鲜产品的需求，将温度精准控制在相应区间。例如，运输鲜切花时，将温度控制在5~8℃；运输海鲜时，将温度保持在−1~1℃。在运输过程中，通过实时温度监测系统，一旦发现温度异常，能及时调整制冷系统，确保生鲜产品的品质。

生鲜自助提货柜则分布在乡村和城镇的各个社区、超市等，社区内的生鲜自助提货柜采用接触式供电和智能风道降温技术。当配送车辆将装有生鲜产品的制冷物流箱送达提货柜后，接触式供电插头能为制冷物流箱持续供电，从而保证箱内温度稳定；智能风道降温系统会根据提货柜内的温度变化，自动调节风道的开闭和风

速，从而降低设备能耗。居民通过手机下单后，可在方便的时候到提货柜取货，实现了生鲜产品的"无接触"配送和自提服务，大大提高了配送效率和服务质量，同时也减少了因配送延误导致的生鲜产品损耗。

四、下一步发展趋势及建议

（一）发展趋势

1. 智能化深度融合

未来，人工智能、大数据分析、物联网等技术将在丘陵山区农产品冷链物流中实现更深度的融合。通过广泛部署传感器，冷链设备将实现对农产品状态、环境温湿度及设备运行状况的实时感知。借助人工智能算法，对采集的数据进行深度剖析，可提前预警设备故障，如预测制冷设备压缩机潜在问题，及时安排维护，防止农产品因设备故障受损。同时，大数据分析将依据历史订单、运输轨迹等数据，智能优化运输路线，综合考虑山区复杂路况、天气变化等因素，规划出既快捷又节能，且能确保农产品品质的配送路径，从而降低物流成本，提升配送效率。

2. 绿色可持续升级

随着全球对环境保护和可持续发展的日益重视，丘陵山区农产品冷链物流将加速向绿色方向转型。一方面，进一步加大对环保制冷剂的研发和应用推广力度，如逐步以二氧化碳、丙烷等天然制冷剂替代传统的氟利昂类制冷剂，减少对臭氧层的破坏和温室气体排放。另一方面，更加注重能源的高效利用和可再生能源的深度开发。除了现有的太阳能、风能利用外，还将探索水能、生物质能等在冷链领域的应用潜力，构建多能互补的能源供应体系，降低对传统能源的依赖，实现绿色可持续发展。

3. 产业协同创新发展

冷链物流将与物联网、电子商务、大数据等新兴产业深度融合，形成协同创新发展的新格局。在销售端，与电商平台紧密合作，利用大数据分析技术，精准预测消费者对农产品的需求偏好，从而指导丘陵山区农产品的种植、采摘和冷链物流配送。这种合作模式有助于实现以销定产，减少农产品积压和损耗，同时扩大特色农产品的销售范围。在物流环节，通过物联网技术实现冷链设备与物流运输系统的无缝对接，实时监控货物运输状态，包括温度、湿度等关键参数，确保运输环境符合要求。这不仅能提高物流信息的透明度，还能通过实时数据收集和远程监控，保障货物质量。同时，与大数据产业合作，深入挖掘冷链物流数据价值，为冷链运营提供决策支持。例如，通过大数据分析优化仓储布局，提高仓储空间利用率。

（二）建议

1. 强化政策扶持引导

为深入贯彻落实党中央关于全面推进乡村振兴的战略部署，切实提升丘陵山区农产品流通现代化水平，建议持续强化冷链物流体系建设的政策支持力度。在资金补贴方面，设立专项补贴基金，对建设冷链设施、购置冷链装备的企业和农户给予直接资金补贴，降低其建设和运营成本。例如，对建设太阳能移动预冷库、快速装配式移动预冷库的主体，按照冷库容量和建设成本给予一定比例的补贴。在税收上，建议相关部门研究制定冷链物流行业专项扶持政策，对取得资质认证的冷链企业实施增值税即征即退、企业所得税减免等优惠措施，通过政策杠杆作用增强企业内生发展动力。在土地政策方面，优先保障冷链物流项目用地需求，简化土地审批流程，对于在农村建设冷链设施的项目，给予土地使用优惠政策。

2. 深化人才培养体系

围绕乡村振兴战略和现代农业发展需求，加快构建政产学研用深度融合的冷链物流专业人才梯次培养体系。在高等教育层面，深化产教融合，支持属地高校和职业院校科学规划冷链物流学科，如开设冷链物流管理、冷链技术与装备、冷链仓储与配送等课程，培养具备专业知识和实践技能的高素质人才。同时，健全校企协同育人机制，依托重点冷链物流企业、现代农业产业园建立产教融合实训基地，推行"订单式培养"等实践教学模式，强化学生实操能力与产业适配度。针对在职人员，定期举办冷链物流技术与管理培训，邀请业内资深专家授课，内容全面覆盖冷链设备操作维护、信息化管理及运营优化等关键环节，提升从业人员的专业素养与创新能力。

3. 完善标准规范制定

结合丘陵山区实际情况，制定完整、科学且实用的农产品冷链物流技术标准和操作规范。在冷链设施建设标准方面，强化设施建设标准引领，明确冷库的建设规模、保温性能、制冷系统要求等，确保设施建设与地形条件、产业需求精准匹配。在设备运行管理标准上，健全全周期管理制度，规定冷链设备的操作规程、定期维护保养周期及故障应急处理预案等，强化设备运行监测和能效管理，提升设施设备使用功能。在农产品质量检测标准方面，分品类细化采收预冷、冷藏运输、终端销售等环节的质量控制指标，建立快速检测方法标准和溯源管理规范，实现从田间到餐桌全程品质管控。通过完善标准规范、衔接配套的标准体系，推动冷链物流规范化、专业化发展，切实保障农产品流通品质安全和产业效益提升。

4. 推动产业深度协同

积极推动冷链物流企业、农产品生产企业、电商平台和物流配送企业等产业链各环节主体之间的深度合作。建立产业联盟或合作协会，搭建交流合作平台，促进信息共享和资源整合。例如，农产品生产企业与冷链物流企业通过签订长期合作协议、共建共享冷链节点等方式，实现从农产品采收到销售的全过程闭环管理，确保农产品从采摘到销售的全程冷链服务质量；电商平台与冷链物流企业合作，共同开发适合电商销售的冷链物流解决方案，提高配送效率和客户满意度。通过深化产销衔接机制，支持家庭农场、农民专业合作社等新型经营主体与冷链龙头企业建立产销直供合作模式，通过签订标准化服务协议、共建共享冷链节点等方式，实现农产品采收、预冷、储运全流程闭环管理。

推进四川丘陵山区农机装备
"补短板强弱项"研究报告——"天府良机"智库 2024 年蓝皮书

秸秆机械化还田技术发展研究报告

任丹华　徐涵秋　赵帮泰

传统的秸秆利用方式有喂养牲畜、垫圈、堆沤肥以及用作燃料或焚烧还田。随着农业机械化水平提升，秸秆利用逐步转变为秸秆直接机械化还田为主。为解决秸秆不当还田造成的病虫害高发、下茬作物烧苗缺苗、秸秆漂浮等问题，国内外也开展了火焰喷射碳化根茬、秸秆离田碳化后还田等技术探研，但目前成本偏高、推广较少。下一步将瞄准新能源应用，降低成本，优化设备提升处理效果，促进秸秆还田肥料化利用。

一、总体情况

欧美等发达国家的秸秆还田、发电、乙醇化、饲用化等利用机制较为健全，其中以秸秆还田为主，直接焚烧占比较小，如法国秸秆还田率约 60%、特许燃烧占比约 10%；日本机械化还田约占 68%、就地焚烧约占 4.1%；我国平均年产秸秆 8 亿 t，占世界总量的 30%，综合利用率超过 88%。

（一）国外秸秆还田技术研究与应用现状

1. 秸秆机械化还田为主，焚烧占比较小

美国在政策支持、相关还田技术的带动下，秸秆还田量占总量的 68%，部分地区高达 90%；英国、加拿大、澳大利亚等国也主要采用秸秆机械化还田技术，还田面积占耕地总面积的 70%；欧盟成员国原则上禁止露天焚烧作物秸秆、残茬

以保护土壤有机质,部分成员国采取特许焚烧制度,例如法国秸秆还田率约60%,特许燃烧占比约10%;在日本,水稻秸秆机械化还田约占68%,难以处理的秸秆就地燃烧约占4.1%。

2. 秸秆沼气化利用,沼渣还田减量化肥施用

部分畜牧业发达的西欧国家主推秸秆沼气工程,主要特点是将秸秆与动物粪便混合沤制沼气提供能源,再将沼渣还田使用。德国是沼气发展水平最为先进的国家,其沼气发电量占每年发电总量的3.4%。重视秸秆的高效利用及化肥与秸秆结合,有效培肥了土壤地力,化肥用量得到了控制,发达国家农业形成了秸秆—厩肥—化肥的"三合制"施肥制度。

(二)国内秸秆还田技术研究与应用现状

焚烧是传统农耕处理秸秆还田的方式之一,可快速实现秸秆碳化还田、杀灭病虫害、清理杂草等,但焚烧秸秆会形成烟雾污染、易"火烧连营",造成重大损失,导致土壤中有机质含量下降、加重土壤板结破坏地力等。自2008年环境保护部、农业部要求全面禁止焚烧秸秆以来,各地坚持综合利用与秸秆禁烧相结合,"标本兼治、疏堵并举、强化机制、以用促禁",加大综合利用力度,强化秸秆还田技术示范与推广。

1. 主推秸秆机械化还田技术

目前,我国秸秆田间利用以秸秆机械化还田为主,南方形成了"秸秆还田+旋耕""秸秆粉碎+根茬破茬机""联合收获机+切碎还田装置"等多种模式,北方主要采用保护性耕作,秸秆完全覆盖在土壤表面,采用免耕深松联合播种作业技术等。吉林省农业科学院将秸秆还田与耕作方式相结合,研究了不同秸秆还田方式对玉米产量及土壤理化性质的影响,研究表明与常规耕作相比,秸秆旋混和秸秆覆盖能够有效改善土壤肥力,并且玉米产量也明显地提高。上海市农业技术推广服务中心就不同玉米秸秆还田量对土壤理化性质、微生物及玉米产量的影响进行了研究,认为75%秸秆还田处理能够明显改善土壤结构和营养成分,提高玉米产量。

2. 部分区域探索秸秆碳化还田

针对秸秆长年全量还田出现的部分农田病虫杂草传播迅速问题,农业农村部推出了秸秆碳化还田减排固碳技术,先将秸秆收集离田后,集中通过热解工艺将秸秆转化为富含稳定有机质的生物炭(俗称秸秆炭),直接还田或与化肥、有机肥等按照一定的比例混合造粒，制成复合炭基肥或碳基微生物肥还田。该技术被列为 2021 年重大引领性技术，但需要配备秸秆碳化成套设备，生产成本较高，并受场地、环评等影响，目前主要在内蒙古、山东、黑龙江等省（区）示范性推广。此外，对移动式热解碳化设备的研究主要有扬州大学和沈阳农业大学，前者设计一种移动式智能化废气自循环生物质碳化装置；后者是在原料碳化机理和现有碳化装置的优缺点的基础上，设计了一套自燃式、可移动式间歇式的生物质碳化装置。

（三）未来秸秆还田技术发展预测

目前秸秆机械化还田技术正向以下几个方向发展：一是秸秆机械化还田联合作业，如联合收割机加装秸秆粉碎机，降低后续还田机具秸秆粉碎难度；二是增强秸秆还田装备适应性，如提升还田机具仿形能力、防堵装置后更加适应丘陵山区作业，满足不同作业深度、作物类型、不同秸秆还田量的需求；三是秸秆机械还田作业智能化，如基于北斗技术研发秸秆机械化还田作业精准管理系统，提高作业效率；四是秸秆热解机械碳化技术应用，通过热解技术将秸秆内丰富的养分和能源资源以及有机碳加以分离并分别利用，有机碳和养分还田，能源供机具利用，同时设计增湿、增重、除尘的组合工艺，秸秆碳化还田的同时减少对环境的污染。

综上所述，四川秸秆还田还需要结合实际，根据各个地区的作物种类、农业环境和土壤类型等，确定适宜的还田时间、数量、并与化肥配合施用，充分考虑影响秸秆碳氮等物质释放的因素，增加秸秆还田率，促进农业可持续发展。

二、四川省秸秆还田遇到的问题与困难

四川秸秆可收集资源量 3 140 万 t、利用量 2 926 万 t，综合利用率达 93%，秸秆"肥料化、饲料化、能源化、基料化、原料化"并举的基本格局已初步形成，其中秸秆还田肥料化利用占比超过 50%。

（一）火焰喷射秸秆碳化还田技术应用尚不成熟

在国内外广泛运用的火焰消毒除草技术，其核心原理是将通过火焰喷射装置释放出的高温火焰，直接作用于杂草，以瞬间高温实现除草和根茬碳化的目标。东北地区部分区域已经尝试了火焰根茬碳化的技术探索，然而，该技术在秸秆碳化还田的应用上尚存在局限性。粮油作物收获后，每亩地产生的干秸秆量约为1t，即每平方米约2kg。若采用火焰消毒除草机进行秸秆碳化还田，将不可避免地产生大量浓烟，同时，该方法的成本每亩高达60～100元，且在高温天气条件下，还可能引发火灾，存在重大的安全隐患。

（二）"茬口紧"导致部分秸秆还田技术存在局限性

四川粮油生产主要采用水旱轮作模式，在保障粮油稳产增产过程中，面临"双抢"季节茬口衔接紧张的现实挑战。特别是5月中下旬既要抢收小麦、油菜又要抢插水稻，抢种抢收导致茬口高度紧张，对田间管理精细化水平提出更高要求。受限于茬口衔接时效性强、农业资源集约利用压力大等客观条件，现有秸秆还田技术体系与生产实际需求的适配性还需要进一步优化提升。如秸秆田间快速腐熟技术受茬口、积温、腐熟菌剂质量等影响，秸秆腐熟度常常达不到要求，秸秆堆沤还田技术堆沤时间长，通常为6～8周，适用于有堆沤场地、畜禽粪便便于收集的区域，目前此类技术在四川的应用占比都较低。

（三）秸秆机械化还田技术受成本影响应用不充分

当前秸秆机械化还田技术推广面临成本效益比失衡问题，机械作业成本与效益分析显示亩均投入约50元，直接影响农户采用意愿，进而导致技术应用覆盖面不足、实施质量参差不齐。同时，农机农艺不配套的现象导致部分区域秸秆粉碎细度不达标、翻埋深度不足，田间调查显示机收后仅浅层旋耕的作业方式，容易导致插秧时秸秆大量漂浮在田面上，若无禁烧令则农民更愿意采用直接焚烧的方式来处理秸秆。

（四）秸秆机械化还田技术及装备仍有待深入研究

深入贯彻落实农业绿色发展理念，针对秸秆资源化利用的迫切需求，亟须强化科技支撑，加快破解机械化还田关键技术与装备研发瓶颈。一是基础研究薄弱制约技术突破，作物秸秆因种类特性差异显著，其韧性系数、含水率等物料特性对粉碎工艺适配性提出更高要求，当前普遍存在粉碎能耗高、合格率不足等技术短板，亟须开展多维度物性分析与粉碎机理研究。二是秸秆还田装备存在诸多问题，如机械动力消耗较大，作业效率较低，一般每小时不超过 10 亩。又如部分机具适用性较差，地形凹凸不平时秸秆粉碎不均匀，粉碎后的秸秆长度绝大部分 >14cm，达不到还田农艺要求。三是相关标准体系建设亟待完善，秸秆还田技术规范与装备制造标准尚未形成系统化体系，理论研究较少，对结构、运动和功率等关键参数设计缺乏理论模型支撑，多数企业仍沿用经验化生产模式，导致产品性能稳定性不足、质量参差不齐。

三、下一步解决思路及建议

（一）探索秸秆、根茬火焰碳化技术开发应用

积极探索秸秆离田后，运用高温火焰喷射技术直接作用于根茬，通过瞬间高温实现根茬碳化，有效杀灭病菌害虫，为农作物生长创造有利条件。同时，开发适用于不同田间条件的秸秆田间焚烧装备技术，可根据不同田间条件进行调整和移动，降低秸秆运输和堆放成本。采用先进的焚烧技术和烟气处理装置，确保秸秆充分燃烧，并最大限度减少环境污染。焚烧后的残渣可作为肥料使用，实现秸秆碳化还田，有效解决田间漂浮秸秆对栽插作业的影响。

（二）大力推广秸秆机械化还田成熟技术应用

针对四川丘陵山区秸秆离田成本高、茬口衔接周期短等现实难题，推广秸秆机械化还田技术尤为重要。经广泛验证的"秸秆旋耕混埋还田技术""麦（油）茬稻田基肥混施打浆还田技术""秸秆犁耕深翻还田技术"比较适用于四川广大地区，也已列为四川农业机械化主推技术。下一步，将聚焦秸秆粉碎合格率和粉碎质量提升等，组织科研院所、龙头企业联合开展秸秆机械化还田高效粉碎技术、深度可调翻埋技术等关键技术的研究，推动装备迭代升级。与此同时，加快推广秸秆机械化还田成熟技术应用。

（三）瞄准成本降低、装备适配性研发攻关

将秸秆机械化还田装备列入"天府良机"补短板机具需求清单，组织农机研发、制造、推广、应用等单位紧密合作，共同开展研发攻关。重点瞄准氢能源等新能源技术的应用，降低火焰喷射碳化根茬的作业成本，解决当前采用液化气、丙烷、甲烷为燃料成本高的问题。同时，致力于研制适合丘陵山区生产需要、具有复式作业功能的秸秆还田装备，对小型化装备进行改进和优化，完善秸秆碳化成套装备，持续提升机械化还田装备的适配性。

附件：1. 秸秆（根茬）碳化还田技术特点
　　　2. 秸秆机械化还田主要技术特点

附件1 秸秆（根茬）碳化还田技术特点

一、火焰消毒除草（根茬碳化）技术

目前国内外均有探索利用火焰消毒除草技术碳化根茬，其装备分为小型手推式和拖拉机悬挂式，以液化气、丙烷、甲烷为燃料，利用火焰喷射口喷射出高温火焰，直接作用于杂草、根茬，通过瞬间高温使杂草的叶片、茎秆和根部迅速脱水干枯，达到除草、碳化根茬的目的，同时由于火焰温度极高，可同时有效地祛除病菌、杀害虫、灭虫卵，为农作物的生长创造良好的条件。

（一）技术特征

物理除草高效环保无毒（除草几乎不产生烟雾），对农作物前期播种或移栽作业的精度要求较高，通常选用北斗辅助驾驶系统，苗后除草需要对行作业，以确保对农作物无伤害。

（二）推广应用

受作业成本和作业精度影响，目前主要在经济价值较高的经作类作物和果园里除草使用（附图1），还未大面积推广。在东北部分区域开展了火焰根茬碳化的探索，作业成本每亩60～100元不等，仍会产生大量烟雾，造成一定程度环境污染（附图2）。

附图1　火焰除草消毒机作业

附图2　火焰除草消毒机用于根茬碳化的探索

二、秸秆碳化还田减排固碳技术

当前农业农村部主推的秸秆碳化还田减排固碳技术，是先将秸秆收集离田后，通过热解工艺将秸秆转化为富含稳定有机质的生物炭（俗称秸秆炭），然后将生物炭与化肥、有机肥等按照一定的比例混合造粒，制成复合炭基肥，或进一步混配成碳基微生物肥，用以改善土壤结构及理化性状，生物炭也可直接还田（附图3）。

（一）技术特征

一是需将秸秆收集离田。二是通过热解工艺将秸秆转化为富含稳定有机质的秸秆炭。三是制成复合炭基肥，或进一步配混成碳基微生物肥后再还田。

（二）推广应用

被列为2021年重大引领性技术，但需要配备秸秆碳化成套设备，生产成本较高，并受场地、环评等影响，目前主要在北方的内蒙古、山东、黑龙江等省（区）少量示范推广。

附图3　秸秆碳化还田减排固碳装备

附件 2　秸秆机械化还田主要技术特点

秸秆是农业生产中重要的有机质肥料来源，秸秆还田能提升土壤有机质含量和质量，增加速效养分含量和土壤氮素有效性等，对农业生产力的发展具有极大的促进作用。四川秸秆机械化还田利用的主要方式有以下几种。

一、秸秆旋耕混埋还田技术

秸秆旋耕混埋还田技术以秸秆粉碎、破茬、旋耕、耙压等机械作业为主，将秸秆直接混埋在耕作层土壤中。秸秆旋耕混埋还田一般需要进行两遍秸秆粉碎，即在农作物收获时将秸秆粉碎 1 次，然后利用秸秆还田机将抛撒在耕地表面的秸秆再粉碎 1 次。经过两次粉碎，秸秆切碎长度 ≤ 10cm，切碎长度合格率 ≥ 95%。秸秆混埋还田一般需要进行 2～3 次旋耕作业（附图 1）。

附图 1　秸秆旋耕混埋还田作业

（一）技术特征

一是可实现秸秆与土壤的充分混合，有利于促进秸秆快速腐熟。二是可选择多种复式作业，既可采用施肥、旋耕、播种与镇压等复式作业，又可选择施肥、条旋、条播与镇压等复式作业。

（二）推广应用

机械作业适宜性广，既适合中小型拖拉机旋耕作业，又适宜大马力拖拉机旋耕或耙耕作业，是四川目前广泛采用的秸秆还田技术，但在实际应用过程中农民为了节约作业成本，普遍存在技术不到位的情况，通常只旋耕作业1次，导致田地中大量秸秆堆积在土壤表层。

二、麦（油）茬稻田基肥混施打浆还田技术

秸秆基肥混打还田技术采用灭茬作业、旱耕翻埋、灌水泡田、撒施基肥和打浆平整技术，秸秆灭茬机将前茬作物茎秆破碎于地表，留茬高度不大于10cm，粉碎长度不大于10cm，旋耕机进行旱耕作业，旋耕深度15～20cm，将部分秸秆翻埋，实现秸秆均匀分布，灌水泡田撒施基肥，进行打浆作业，通过平田器同步整平田面，将基肥和秸秆混埋入根层土壤（附图2）。

附图2　麦（油）茬稻田基肥混施打浆还田作业

（一）技术特征

该技术能同步实现基肥均匀深埋，秸秆均匀翻埋，有减少整地耗水量、提高栽插质量、减少肥料流失等优势，符合当前机械化生产需求，能够减肥不减产、节本又增收。

（二）推广应用

该技术被列为2024年度四川省农业主推技术，已在四川麦（油）稻周年轮作生产区域示范推广，明显提高秸秆还田质量、基施化肥利用率和麦（油）茬口机插秧栽插质量。由于此技术推广尚处于起步阶段，且作业成本偏高，目前推广应用面积未超过20万亩。

三、秸秆犁耕深翻还田技术

秸秆犁耕深翻还田技术是利用拖拉机牵引犁具（铧式犁或翻转犁）将粉碎（或切碎）后抛撒在耕地表面的秸秆翻埋到耕作层以下，将土壤耙平，秸秆在耕层以下自行腐解。秸秆粉碎方式主要有两种：一是在农作物机收同时将秸秆粉碎（或切碎）抛撒在耕地表面。二是在人工收获作物后，利用还田机将秸秆粉碎。秸秆犁耕翻埋还田深度随不同地区、不同耕地类型（水田与旱地）、不同秸秆种类而有所不同，但以不低于20cm为宜，旱地大规模农机化作业一般在30cm以上（附图3）。

附图3 秸秆犁耕深翻还田作业

（一）技术特征

一是将秸秆翻埋到耕层以下，不影响下茬作物播种。二是大田秸秆深翻还田只需将秸秆粉碎（或切碎）一遍，无须多次粉碎。

（二）推广应用

该技术选用液压翻转犁并配套大马力拖拉机，适用于有效耕层较厚，地块较大区域。受此影响，四川丘陵山区部分地块不适合使用此技术，目前只在成都平原部分种植大户应用秸秆犁耕深翻还田技术。